Deep Breathing！Life with Green

深呼吸！与绿植相伴的生活

[日] 加藤鄉子　编
杜慧鑫　韩晶　刘晓昱　马园园　译

华中科技大学出版社
http://www.hustp.com
中国·武汉

越来越多的人把绿植引入到日常生活中，将其作为追求极致考究的室内装饰的最后一步。仅仅是摆放些家具，装饰上日用品，再做些整理收纳的话让人感觉还是有某些欠缺，于是人们便把目光投向了绿植。

不只是所谓的绿植店，就连室内装饰店、日用品店和时装店也在出售绿植。因此，经营绿植的店铺也增多了，与以前相比，绿植更接近我们的生活。

绿植＝植物，它们是有生命的，并不是买回来装饰完就万事大吉了，根据人们的照料方式不同，有的可以变

得更加生机勃勃，有的则会渐渐失去生机。作为一起生活的伙伴，绿植能够与人类喜忧与共，这大概也是被绿植吸引的人不断增多的原因吧。

"消除疲惫""心情舒畅"是在本书采访过程中，多次从住户口中蹦出来的词。不仅仅是视觉上的悦目，就连心情上，和植物一起生活的话也是好处多多。虽然有时候照料植物会很麻烦，但植物带给人们的愉悦弥补了这些麻烦。此外，还能够享受培育植物的过程，这为日常生活带来了很多乐趣。

本书中列举了与绿植愉快相处的 15 个案例。如果这能成为开启大家"绿植室内装饰"的契机，或者乐享绿植的灵感的话，我将深感荣幸。

※ 本书刊登的住宅是私人住宅，图片中的物品＆植物都是个人私有物。虽然记载的有购买地点，但也有可能现在已经买不到了，这一点敬请留意。

※ 绿植的栽培方法、装饰方法、布置方法等都是不同住户基于自己的价值观和环境条件在实践中总结出来的经验，因此并不适用于所有情况。根据绿植种类、放置环境等不同，栽培方法、装饰方法和布置方法也会有所差异。

※ 本书记载的绿植名称基本上是把住户认识的植物拍成照片，在此基础上修订而成。

PART 1

与绿植共处一室

本书中的 15 个家庭将绿植引入到生活中，实现了别有特色的室内装饰。这些家庭的成员都非常喜欢绿植，在日常生活中享受着绿植带来的愉悦。我们从这些案例中可以获得绿植的装饰方法、栽培方法，以及与绿植的相处方法等启示。

常春藤

高山榕

髭脉桤叶树

餐厅和工作室之间设置
有隔断墙，上面的室内
窗是装饰的亮点。房间
简洁明快，很难看出这
是四口之家的居所，绿
植也为空间增添了情趣。

早上起床一看到绿色植物，心情就会很愉悦兴奋。绿色植物的存在为生活带来了不一样的心情。

松山家

从餐厅望去，在书房的置物架上放着干燥的紫阳花，迷你箱里摆放着汇集在一起的多肉植物。把体积小的绿植汇集在一起不仅提升了存在感，而且也便于搬运，在浇水或更换位置时也变得轻松。

绣球花（干）

3年前盖了新房子，孩子也慢慢长大了，属于自己的时间增多了，这些都成为松山开始绿植生活的契机。原本就喜欢阅读室内装饰杂志的松山去参观画廊，一件一件收集雅致的家具，他认为室内装饰是增添生活趣味的重要一环。就这样，松山一家开始了与绿植相伴的生活。房间被他布置的简洁自然，绿植又为室内增添了色彩。

"多数情况下，我都会在脑子中想象摆放的场所，并根据场所寻找形状和大小合适的植物。在遇到价位合适、与自己想象一致的植物前停留。"松山这样说道。据说为了购买客厅的赤芙合欢木花了他三年的时间。因为即便名字相同，各个植物的形状也是有差异的，给人的印象也有很大不同，所以，一直在花时间寻找符合家里风格的绿植。

就这样买齐了自己喜欢的植物，摆放这些绿植的客厅和餐厅成了令人神清气爽的空间。"早晨，从二楼卧室下来看到植物的时候，总是满心雀跃。天气好的时候，心情尤其好。即使房间摆放的有点凌乱，但是有植物的话就可以分散人的注意力，消减这种凌乱感。这可能也是摆放植物的一个理由呢。"

美空眸

十二卷

箭叶菊

圆扇八宝

袖珍椰子

在沙发旁边放置的柜子成为视野的
中心。把大小不同的植物组合摆放
在一起，植物的高度与墙壁相协调。
角落虽然不大，却也很漂亮，非常
吸引人。

椒草属植物·
幸福豆

蓬莱蕉

琴叶喜林芋

赤荚合欢木

右：想买象征性的植物而找到的赤荚合欢木。花了3年时间找到了喜欢的植物体量和树形。"价格太昂贵买不起，所以花了很多时间。"左：把（无印良品）的凳子作为植物架。这和把中号的花盆直接放在地板上相比更有存在感。

Q　最近买的哪个植物？

最近，在各种商店看到过很多次多肉植物，于是就把用溶液栽培的多肉植物添加进来。将多肉植物放进培育水仙的玻璃花瓶里。刚刚开始栽培，很期待它以后的生长变化。

里面的大花盆是塑料盆，因为便于移动和浇水，所以没有进行移栽，买回来后就一直在这里长着。不过选用了漂亮的花盆罩，使之与室内的装饰氛围相协调。

常春藤

安装在厨房背面墙壁上的敞开式棚架。不仅有装饰的功能，还能够用于收纳，形成了一个很漂亮的角落。垂下来的常春藤散落在棚架上，有着自然的美感。

松 山 家 的 陈 列 创 意

松山家随意自然的植物装饰带来了百货店商品陈列的感觉。最开始是鲜花装饰，最后利用那些充分干燥的花，有的插在花瓶里，有的只把叶子放在玻璃容器里，也能制造很漂亮的氛围。即便是附生植物也能装饰出干枯植物的感觉，这是一种很简单的制作方法。

右：在长女的房间里只摆放少许植物。"虽然不是本人照料，但她也非常惊喜地发现植物很可爱。"选择了有女孩房间风格的、感觉上比较柔和的植物。左：餐厅旁边的书房。墙壁和置物架上分别装饰小的附生植物。

Pick Up!
你的所爱！

常春藤

椒草属

赤荚合欢木

"选择植物的标准是叶子形状要可爱。"松山说道。袋鼠藤是在寻找吊挂植物的时候发现的。既有植物体量，又能把视线往上拉。作为象征性的植物，赤荚合欢木是经过多年寻找、非常用心栽培的植物。之所以栽培椒草属，是因为它水滴样的叶子形状和条纹花样非常可爱。

松萝铁兰

空气凤梨·树猴

鹿角蕨

鹿角蕨

榕属·孟加拉榕

大戟属·白幽灵

房间的两侧墙上有窗户，客厅里，阳光从天窗照射进来，这里成了 Koenyoko 家中放置绿植的最佳位置。垂吊下来的绿植使得空间有了韵律感。

仙人掌·绯牡丹　　仙人掌·黄牡丹

十二卷

日本吊钟

霸王空凤

上：沙发后面的窗台上摆着三盆仙人掌和多肉植物。下：不靠近大窗户的这个地方感觉不适合盆栽，用一些其他植物来代替。

但是，到底还是被植物所治愈啊。

我不想说："植物即治愈"的话。

Koenyoko 家

Koenyoko 家实现了简洁明快的北欧式的室内装饰风格。室内时尚漂亮、空气通畅舒服，这是很多人都喜欢的氛围。在这种舒适中起主要作用的是植物的存在。"母亲是在喜好植物、窗台上成排摆着盆栽的家庭中长大的。看到母亲喜爱植物的样子，虽然当时我不想养植物，但现在却完全沉湎于植物栽培当中（笑）。植物的魅力在于'治愈'，人不管多么疲惫，还是能被植物医治的。"

喜爱植物的人分为室内装饰重视派和栽培环境重视派，koenyoko 是中间派。她记住了几乎所有植物的名字，查找过每种植物的培育方法，很喜欢室内装饰，为了栽培植物，尽可能在其适合的环境中照料植物。"室内绝不是栽培植物的理想环境，有些植物有时整个夏天都被放在阳光直射不到的阳台上。"一方面，Koenyoko 把植物移种到与北欧风格相搭的白色或灰色的容器中，如果觉得与室内装饰不协调，还会重新布置。她在植物陈设方面也是绞尽脑汁，一直在实践绿植装饰居室的方法。

沙发对面的角落。放置着家里的主角伞花六道木，把小花盆摆放在电视柜上。因为墙壁也用植物装饰，所以不管从哪个位置看，都有植物映入眼帘。

鹿角蕨

伞花六道木

膨珊瑚

卷柏

二歧芦荟

Q 如何给吊挂植物浇水？

阳台的晾衣杆上安装有S形挂钩，可以把植物挂在上面浇水。如果是苔栽植物，可以把它浸在水桶里。控完水后，再用晾衣杆把它放回原来的位置。鹿角蕨用的是S形的挂钩吊着控水。

Koenyoko家的植物陈设创意

1
空气凤梨(铁兰)的魅力在于无土生长,因此可以摆放在很多地方。图中,孟加拉榕的花盆里摆放着一株铁兰。

2
空气凤梨宛如雕像般从顶部的天花板上垂悬而下,这里用到的是在百日元店购买的铁丝制作而成的铁架。

铁兰属·凤梨紫罗兰

铁兰属·三色铁兰

3
把遮盖土壤且能起到护根作用的白色小石子铺在玻璃容器里,并放入一株美杜莎。这种陈设带来的清凉感透过玻璃满溢而出。

4
把两株铁兰放入在哥哈飞虎(Flying Tiger Copenhagen)购买的铁丝筐中。因为重量很轻,听说只用推针就可以固定住。

铁兰属·美杜莎

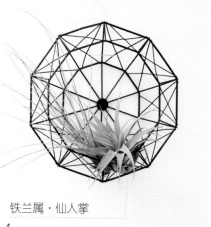

铁兰属·仙人掌

5
购买时鹿角蕨在盆里种着,把它和泥炭藓一起附着在沉木上挂到墙上,形成了艺术品般的造型。

6
植物架是自己编的。可能是用细棉绳编织的缘故吧,轻柔的姿态与室内气氛很协调。

鹿角蕨

松萝铁兰

斑叶垂椒草

主色调为白色，洁净雅致的卧室，虽然被柔和的光线包围，但对于植物来说很难称得上是最好的生长环境，因此只放置了少许生命力顽强的绿植。

空气凤梨
卡比塔塔（水蜜桃）

细叶榕

右：细叶榕是在百日元店发现的。小巧别致的样子很可爱，将其移栽到了喜欢的花盆后，可爱度又升了一级。左：空气凤梨和白色的铁丝工艺只是随意放在了一起，却透露出自然的华美感。

Q 陪伴时间最长的植物是哪个？

伞花六道木

伞花六道木是七年前开始与我相伴。叶子曾经遭过虫害，变得光秃秃的，后来又长出新芽，焕发了新的生机。所以，我对它也是充满了爱意。冬天里，我很认真地给叶子喷水，就这样它安然无恙地度过了冬天。

Q 植物失去生气的时候该怎么办？

改变浇水的时间或者把植物移到光线更充足的地方，然后观察情况。有时会把空气凤梨放在伞花六道木的花盆上进行日光浴，有时也会将水和植物生长素在一起搅拌后再浇水。

虽然家里的中心处很明亮，但由于阳光不能直射到，所以不能作为摆放植物的固定位置。我用干燥的桉树叶做成小花束来取代植物。

Pick Up!

你的所爱！

鹿角蕨之前被放置在一个我不太喜欢的木板上，我又重新把它安放在了另外一个木板上。鹿角蕨气派，有存在感，而且生长速度也很显著，这正是我喜欢它的地方。白幽灵形状像人，这正是我中意的地方，很期待它今后会长成什么样。

大戟属·白幽灵

鹿角蕨

鹿角蕨

眼树莲属·红果

莺歌属·王冠百合

玉露

虽然屋顶只有一面，但全部装上了玻璃，窗户也较大，宛如温室般的环境。此外，用遮光帘来调节光照。"植物好，我们就好。"近藤如是说道，这家人的生活完全就是以植物为中心。

近藤家

不考虑自己居住的舒适度，反而把多肉植物的舒适度作为首位，这里有光线充足且通风好的植物生长环境。

大戟属植物

粗肋草属植物

右：刊载于杂志上的多肉植物混栽在适宜的环境里长得生机勃勃。
左：二楼餐厅的一个角落，还可作为一楼商店的咖啡一角。橱柜是近藤 DIY 而成。近藤商店(季色)的有关信息在 P125。

去八岳旅行时遇到了用多肉植物做成的花环。被它的可爱模样所吸引，近藤先生又购买了多肉植物栽培方法的书籍，从此，他的人生发生了很大的改变。"妻子认为我把植物栽培的很好，比外面出售的植物还要可爱。看到妻子那么开心，我也很高兴。"近藤回顾过往时说道。为了妻子和那些喜爱植物的朋友们，他开始了栽培，并完全被多肉植物的魅力所吸引。之后，开始以"季色"为商号在活动集会上销售，并逐渐变得专业化起来。

近藤并没有满足于取得的成就，甚至建造了适应植物生长环境的房子。"重视阳光和通风。夏天非常炎热，冬天会有风穿过，对人来说难以居住。"近藤笑着说道。装饰上放置的是款式简单又不失情趣的旧式家具，就像休闲圣地里的小宾馆一样。"人们都说跟帆船造型很搭配，为了突出只有多肉植物才有的坚强，我们很在意家居的简洁。"果不其然，近藤家就连室内装饰都是以多肉植物为主。近藤夫妇"从起床到睡觉，一直都在跟多肉植物打交道"，家里现在的环境确实和他们很相配。

绿玉树

粗肋草

家具选择的是配以陈旧桌面和桌腿的成品桌。"在某种意义上，这里是待客的地方。由于没有安装天花板上的主灯，晚上只有微微的亮光，我非常喜欢在这种氛围中跟朋友一起吃饭时度过的时光。"

美铁芋属

仙人棒属

细叶榕

电脑桌周围也都是植物。因为墙壁上安装有棚架，所以摆放时能够制造出高低层次感，相互间的平衡性相当好。部分植物是水培种植，在玻璃花瓶里放入植物叶子的装饰方法也很新鲜。透过玻璃看植物的根和叶时，感觉像看标本一样，有一种特别的魅力。

上：棚架下面安装的铁杆上悬挂小花盆的创意很有趣。下："我们是专门做植物装饰的。正因为有精巧的器具，才能表达出自己想要的装饰氛围。"近藤说道。还把茶壶等用品用作混栽的容器。在与陶瓷器设计师合作举办的作品展上，展出了图中的合作作品。

凤梨属植物

绿项链

除了睡觉时间外都在跟植物打交道的近藤夫妇。听说他们很少在客厅沙发上休息，但在沙发旁边却放置着一株中等大小的植物。

莲花掌属·黑法师

水龙骨属植物

仙人棒属

这是二楼的客厅。正面的抽屉桌是在"那须"（SHOZO ROOMS 买到的，它位于窗边，是摆放植物的绝佳场所。

右：为了能使调料区域的上面有绿植装饰，居室主人特意在厨房橱柜上放置了个木箱。在日常生活必备的使用物品中仅仅加入了些植物，就减弱了生活的柴米油盐感。下面两幅图："为了让厨房充分发挥作为厨房的功用，减少了植物的数量。一般只装饰一些跟厨房氛围相协调的植物。"并列摆放的三个花盆是(季色)经营的产品。

多蕊木属植物

骨碎补

假昙花属·猿恋苇

隐花马先蒿

因为厨房餐具架周围没有阳光照射，所以没有摆放有生命的植物，只放置了少量的干燥叶和干燥花。栽培植物要重视因地制宜，不能太勉强。

赤荚合欢木

Q 初学时就能很熟练地栽
培植物吗?

"实际上,刚开始时我们两个人在照
料植物方面也完全不行。天使泪栽
培一周就枯萎了。虽然是按照书上
写的那样进行管理还是枯萎了,因
此觉得非常懊恼窝火。不能不加区
别笼统地把它们当做观叶植物来对
待,而是要知道每一种植物的特性,
并细心照料。"

这是位于三楼的一个走廊。
虽然只有一株绿植,却营
造出了一种安静放松的氛
围。"这是一个相当于神龛
的位置,在这里放置植物
还有不要靠近的含义。"

Pick Up!

你的所爱!

莲花掌属·黑法师

狗舌草·夹竹
桃叶仙人笔

龙舌兰属
植物·龙舌兰

狗舌草是在(季色)开业的时候就有的植物,据说给人
一种"一起活着"的感觉。龙舌兰放在店的门口,冬天
时虽然有点冻伤,但到了春天又重新发出新芽,这种顽
强的生命力感染了我。七年间长高了 20 cm。"在我家
里数量最多的植物就是黑法师,因为这种黑色植物非常
稀少,所以在混栽时心情比较紧张,生怕伤着它了。"

蝴蝶戏珠花

眼树莲属

到手香

鹿角蕨

给人以深刻印象的蓝色家具是
古色古香的印度家具。这是在
东京·经堂的 Rungta 买到的。
打开上面的小门，就好像商店
陈列柜一样陈列着各种植物。

在沙发旁边放置的像药架一样、充满古色古香氛围的陈旧橱柜上摆放着一盆植物。把植物放置在高处，人的视点自然上升，空间整体的平衡性就会变好。"非常喜欢垂吊类型的植物。"

瑞典常春藤

眼树莲属·翡翠

狗舌草·神刀

大戟属·麒麟苏铁

左：棚架的上面和里面装饰了很多小植物，植物垂悬的样子很美。右：放进搪瓷杯和金属容器里的多肉植物和橱柜一样，都是在 rungta 买的。正是与这家商店的邂逅，开启了我的购买多肉植物之旅。

04 脇家

选择喜欢的绿植进行室内装饰。

到底还是绿植漂亮，跟着自己的感觉来，

业主作为顾问活跃在广告界。他的房子也很雅致，把具有美国 20 世纪五六十年代质感的复古家具、北欧家具和古色古香的印度家具混摆在一起，打造成只有室内装饰高手才能驾驭的空间类型。

"在进行绿植装饰时，头脑中要有植物是带给人们'舒适感'的意识。这其中并没有特别的规矩和定则。"业主会经常移动植物的位置，探索和室内空间更加协调的装饰方法。之所以装饰很多植物，"主要还是因为它们很漂亮"，这是只有活跃在视觉世界里的人才有的回答。发现植物的美，并把这种美凸现出来正是业主这样的人欣赏植物的方式。

虽然绿植都长得生机勃勃，但是还没达到记住所有植物的名字、查阅各个植物的栽培方法和浇水方法的程度。业主认为，与其那样做，倒不如更加仔细地观察植物的生长状况。

"要经常留意植物的生长情况，只要感觉到植物散发的能量，就会自然而然地知道浇水的时机。因此，我会把植物摆放在自己经常呆的地方，或者通过的地方，一定要放在可以看到的地方。"

虎尾兰

薄荷

DOGS

眼树莲属·
圆叶眼树莲

和客厅相连的阳台是移栽植物、
浇水的便利场所。此处还是摆
放工具的场所。因为挑选的全
是设计别致的物品，即使都摆
放在那里也很漂亮。

连接客厅和餐厅的过道。上面没有天花板，光线能够很好地透射进来，对植物来说是宜居的环境。具有个性的绿植展现出强烈的存在感。

鹿角蕨

兰花

Q 请看下浇水的工具。

很多时候是把植物搬到阳台淋浴浇水，并不怎么用洒水壶。一直喜欢用的工具是喷雾器，美国 DELTA 牌喷雾器即使上下颠倒也能喷洒出水雾，非常好用。

花盆创意

花盆、花盆罩起着连接植物和室内装饰的重要作用。业主是用游戏的心态尝试用各种各样的物品作为植物的花盆或花盆罩。右：香草的花盆是野营中使用的饭盒。中：瑞典常春藤的花盆原封不动地采用了原有的塑料花盆，并用印花手绢包了起来，这种创意非常有乐趣。左：用啤酒罐作为花盆也很流行。

松萝铁兰

美式风格的厨房。由于是加工处理食物的地方，尽量不要摆放带土的花盆。绿植装饰在厨房中显眼的位置。

玫瑰天竺葵

玫瑰天竺葵

玫瑰天竺葵

银叶树属植物

左：在距水槽边最近，看得最清的地方，把花瓶吊在吊架上，装饰上绿叶。"由于可以把植物装饰到眼前的地方，所以很中意这款能够吊起来的花瓶。"右：把 MAILLE 的芥末罐作为花瓶，与厨房的风格很搭配。中：餐桌上装饰的花不要太夸张，以不妨碍吃饭的植物为宜。

Q 给植物施肥吗？

因为有用水果制作酵素糖汁的习惯，所以家里有很多水果渣。晒干后包起来以备洗澡时用。洗澡用过之后，把它与院子里的泥土相互搅拌。由于室内植物也用这种土壤，就用其代替肥料。

因为是吃饭的地方，所以和厨房一样，这里不放置带有土壤的绿植，仅仅从天花板上吊下来一株植物。地毯垫为室内增添了一抹绿色。放在里面的棚架是Pacific furniture service 的产品。

Pick Up!
你的所爱！

芒毛苣苔属

到手香

业主喜欢下垂、圆叶型的植物，芒毛苣苔属植株正好符合他这种喜好。他将其悬吊在客厅的天花板上。"现在最中意的植物是到手香。能闻到它散发着红茶的香气。"尽管长在杯底没有洞的搪瓷茶杯里，却也长的生机勃勃。

松萝铁兰

美花石斛

常春藤

蓬莱蕉

琴叶喜林芋

姬花月

作为客厅的外延地带，拥有
室外新鲜空气的阳台是栽培
植物的绝佳场所。摆放植物
时，通过使用迷你桌和凳子
营造出植物的高低层次感。

有生命的植物自不必说，即使是已经枯萎衰败的植物，也能从中发现美。

尾崎家

铁格窗把内阳台和室内隔开，使室内变成独一无二的空间。地板上铺设的地毯也是引人注目的细节。左：自认为培育时对植物比较严苛。"即使如此还能适应的植物便存活了下来。"

蓬莱蕉

尾崎买的二手公寓，通过改造使之变成了自己想要的风格。听说尾崎当初是把拥有宽敞的阳台作为选房条件，但最终购入的却是能充分体验都市生活的市中心的房子。虽然没有阳台，但希望拥有阳台的想法在房屋改造中体现了出来，通过在室内建造阳台，实现了他的这个心愿。用铁框玻璃分割出的阳台空间，光照充足，室外新鲜空气洋溢在家里的每个角落。"开始在这里居住之后，植物自然而然地不断增多。一想到要营造一个心情舒畅的空间，就会想到绿植。"

休息日会去自己喜欢的画廊转转的尾崎平时热衷于艺术和设计。他那双敏锐的眼睛不仅能发现充满生机的植物的美，也能发现枯萎衰败的植物的美。衰败的花朵、叶子甚至树根，经过尾崎的手，就有了艺术般的感觉。即使已经衰败枯萎，但植物所具有的自然造型之美却没有改变。不仅如此，我们在尾崎家甚至感觉到它们散发出了新的光芒。

在吉祥寺和惠比寿的商店
买到的古色古香的家具。
略显陈旧的色调使得家具
风格有着复古的氛围，有
种画廊咖啡馆的风情感。
海报则来自福冈（PLACER
WORKSHOP）。

在尾崎家发现的陈设创意

海扇

GOOD
PEOPLE
DRINK
GOOD
BEER

1. 在餐厅的墙边摆放着北欧式古色古香的托盘桌，正好可以用来摆放植物。看起来呈树根状的海扇虽然是海洋生物，但和干枯的植物一样，有着艺术品般的气息。把海扇和枯萎的空气凤梨摆放在一起更加有艺术的气息。2. 这是雕塑家立花英久的作品。因为觉得这个空间能把作品映衬得好看，才下定决心购买的。放在古典雅致的旧木箱上，能让人充分感受到和干枯的白色苜蓿陈设在一起的妙处。3. 把枯萎凋落的漂亮花瓣放进颠倒过来的玻璃杯里。4. 只是把干燥的花放进空瓶里，就成了件艺术品。通过各种方式能长时间欣赏植物的灵感随处可见。

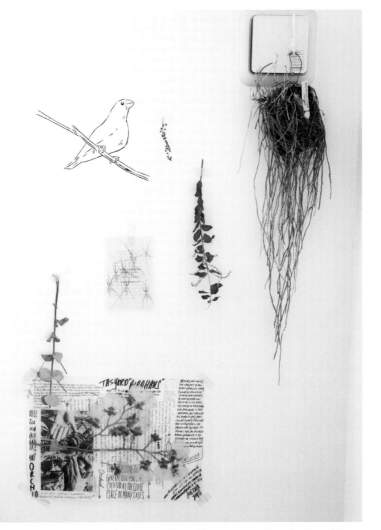

把蒲公英的绒毛、花密封到玻璃中，作为镇纸的工艺品。由此可以看出主人的喜好还是倾向于植物呢，把它们摆放在最显眼的位置上。

利用能委托专业人士画画的（toolbox）服务，请 Noritake 为我画的一幅鸟的图画。将它画在靠近已经干枯的兰花附近的墙壁上，兰花像鸟巢一样的创意真是别出心裁。

Q 陪伴时间最长的植物是哪个？

放置在内阳台（P32）的琴叶喜林芋，从我住在关西时起就已经有了，到现在已经陪伴我了 14 年的时间。基本上没怎么照料过，算是比较严苛的培养方式，却依然存活了下来，我想应该是适应了我家的环境。

Q 请看下浇水的工具。

没有专门的浇水工具。感觉该浇水了，就使用放在厨房里的杯子。和植物生活在一起，就像感觉很舒服的朋友，没有为它们做什么特别的事情。

银叶多国花

在内阳台，陈设的不仅有植物，还有 birds-words 的作品—鸟的造型。因为空气凤梨（铁兰）本身也很有型，所以把它们放在一起也很协调。

铁兰·哈里斯
狄氏凤梨

铁兰·霸王空凤

含羞草（干）

客厅中也有一张桌子，沿着桌面的中线摆放着植物。购买空气凤梨（铁兰）是被它们帅气的外型所吸引。"我很喜欢灰色的像烟雾颜色的空气凤梨，它的颜色和陈旧的桌子非常搭配。"

Pick Up!

你 的 所 爱 !

美花石斛

当问到喜欢的植物时，最先给出的答案就是含羞草。不仅能用于装饰，干枯的时候也能欣赏。美花石斛是兰草的一种。在PLACER WORKSHOP 购买的。"虽然照料起来很麻烦，却依然很珍爱"。

含羞草（干）

鹿角蕨

慕蒂佛拉

将苹果箱灵活运用到室内装饰中，将它们重组成不同的形状，使用起来非常方便。每两个苹果箱组成的台面成了放置植物的固定场所。其中，位于东南角的台面是摆放植物的优等位置。

铁兰·霸王空凤

初绿

棒槌树属
魔界玉

Atsushi家

非常有趣。
观察植物生长、鲜花盛开，
尽情地生长着。
适应我家环境的植物和鲜花，

仙人掌（精巧丸）

左：在窗根上并排摆着嫁接仙人掌。右：因为右侧的凸窗朝南，所以把需要阳光的仙人掌放在窗户前面。把植物集中到一个地方，不仅增大了体积感，而且便于集中照料。

"看到经常去的 life style 商店里一下子摆出了很多植物，以及某个性植物店开业等都使我在几年前便察觉到绿植热潮的到来，我只是赶上了这个流行。" Atsushi 笑着说道。话虽如此，但他是一个做事认真的人，因为热衷植物，便到处去逛植物店，最后竟然还去了栽培植物的农家。

Atsushi 夫妇生活的 LDK 房子是经过改造的简单空间。利用无印良品的纸盒、铁架、苹果箱等将宽敞的 LDK 分割开来。而且，东南侧窗户前面的绝佳地带成了摆放植物的固定位置。

"也许在真正喜欢植物的人看来，我们家环境可能不行，但我会在能力所及的范围内做到最好。" Atsushi 说道。作为室内装饰，一方面得能够让人满意，另一方面还得操心如何给植物创造最适合的环境。可以把刚买的植物放到最佳的生长环境中，当感觉植物习惯了后再移动位置。"对植物来说，我们家的生长环境并不是最好的，但它们却用茁壮成长回应着我们的照料。观察它们生长的样子也是一种乐趣。"

桉树

子持莲华

厨房前面摆放着无印良品的纸板盒，在上面摆上一张板，就成了兼具收纳功能的橱柜。因为这里不是摆放植物的最佳场所，所以不能经常放在这里，要不时移动下植物的位置。

嫁接仙人掌
（绯牡丹）

疣仙人

银手指

右：手工制作的密封玻璃容器使仙人掌看起来像艺术品一样。左：在搪瓷杯里摆放上水培仙人掌，水培的妙处在于能观察到植物根部。"因为仙人掌长不大，所以这种做法适合于想一直保持现状时使用"。

铁兰
哈里斯狄氏凤梨

左：将空气凤梨（铁兰）附着在软木板上，曾在 SPECIES NURSERY 的研究会上挑战过这种方法。右：体积很大的仙人棒属植物放在架子上面的铁皮箱里。由于是不怎么遮光的开放式架子，所以光照很充足。

仙人棒属植物

这是位于苹果箱绿植角对面的架子。虽然体积不大，但因其南侧有窗户，所以植物在这里很容易生长。这个收纳架充满了生活的气息，摆放的绿植还可以起到装饰作用。

左：钉在玄关墙上的开放式棚架既是鞋架，又兼具装饰架的功能。因为光照不是非常充足，装饰的基本上都是一些干燥的枝叶。
右：为 PLACER WORKSHOP 研究会而事先准备的附生在软木上的原生兰。

原生兰的一种

Q 请看一下浇水的工具。

一直喜欢用 elho 公司生产的加压式喷雾器。按着上面的把手施加压力，再压着按钮，喷雾就会出来，非常好用。由于植物太多，喷雾洒水也是件很麻烦的事，但这个加压式喷雾器用起来就很便利。不管怎样，这是一款非常棒的浇水工具。

Q 栽培植物时需要注意什么事情？

书上的栽培方法大多是植物在最好状态下的方法，有的不太适合我家的情况。我不会照搬书上的方法，而是习惯于观察植物，以探索更好的方法。环境不同，栽培方法也各式各样。

桉树（干）

山龙眼（干）

星球属·般若

卧室里用干燥枝叶和植物装饰。把桉树枝叶做成花环状挂在墙上，把医疗容器盖上盖子，就成了收纳山龙眼的容器。Atsushi 喜欢医疗器具和实验器具，除了把烧杯用于溶液栽培外，还会充分利用药瓶、棉棒和指甲刀等。

二歧芦荟

东面虽然有窗户，但因为光照不太好，卧室的植物是来回轮换摆放的。置物架是用苹果木箱摆在一起而成的。

Pick Up!
你的所爱！

二歧鹿角蕨

丰明球

万物想

长得枝繁叶茂的鹿角蕨在室内装饰中也很引人注目。这是最开始买的植物之一，Atsushi 非常喜欢它。万物想是多肉植物里面因水分积存而导致根部膨胀的块根系（块根植物）之一。喜爱的人很多，这也是 Atsushi 喜欢的植物类型。已经栽培在水中并且开花的卡姬球也是 Atsushi 珍爱的植物。

赤荚合欢木

EVERY
DAY
I
LOVE
YOU

赤荚合欢木

绿太鼓

LIFE IS
LIKE A
OF
CHOCOLA

蓬莱蕉

客厅完全没有和室当初的影子。粉刷墙壁，铺上地板，在墙壁上贴上瓷砖墙裙，全部都是DIY。大、中、小不同的植物营造出了高低层次感，丰富了空间的表情。

17

给 DIY 的空间
增添色彩的正是绿植。

Kumemari 家

FAMILY & HOME

绿萝

球兰

金黄百合竹

FINISH!

发财树

CAFE

星蕨

右：厨房也全部都是 DIY。在看到空间不断发生变化的喜悦中，感受到了 DIY 的乐趣。现在杂志、电视等媒体上 DIY 也很流行。在置物架上摆放着下垂的绿植。
左：在厨房橱柜的铁架上面摆上小型绿植，营造出咖啡馆般的风情。

在决定结婚并住进小区的那一瞬间，Kumemari 觉得"完蛋了"。因为房子已经有 45 年以上的历史，现在破破烂烂的。"如果没有住在这里，也不会开始 DIY。一心一意想着哪怕稍微变好点也行啊，于是自己便开始动手改造。"并把自己努力进行 DIY 的过程不断写到博客上，在这个过程中粉丝不断增多，还出版了书籍。现在作为小区的 DIYer 非常活跃，俨然成了大家的偶像。

在 Kumemari 营造的空间里，绿植是不可或缺的存在。想为好不容易改造的空间增添些色彩，就想在室内多布置一些植物。"猛地一看像是变得华丽了，但是和绚丽的花相比还是较为含蓄的，我很喜欢这一点。家里有个 2 岁的儿子，可能是自出生后就一直在植物的包围中长大的缘故，所以如果对他说'不能摸啊'，他就不触碰植物了。"

虽然现在的绿植呈现出勃勃生机，但实际上最初的时候植物都干枯了。"因为浇水过量，根部都腐烂了。不过度照料之后植物的状态反倒变好了"。

赤荚合欢木

袖珍椰子

星蕨

折鹤兰

这里原本是日式房屋，由隔扇将卧室和邻室连接起来的，DIY 之后来了个华丽变身。兼具植物棚架的书柜将床和邻室隔开，成为空间的主角。

Q 怎么给植物浇水？

对于体积较大的植物，大多是在放置的地方浇水。小盆栽的话就集中到厨房的水槽里，放在一起浇水。这样比较轻松，而且进行控水也比较彻底。

鹤望兰

吊在房间中的搪瓷钵里摆放着几个绿植，栽种绿植的容器是购买植物时就带有的黑色塑料壶。这和混栽相比要简单的多。在移栽到花盆前的这个短暂时期内，可以把它们当作插花一样来欣赏，是个不错的创意。

在 Kumemari 家发现的花盆 & 花盆罩

"如果把植物放在手工制作的容器里会更加可爱。"所以在花盆和花盆罩上也花费了一番心思。右边的水泥花盆是把水泥放入塑料桶里凝固后做成的，这是受到国外的创意启发而做成的。在使用塑料花盆、麻袋、木箱的时候使用了不锈钢，从而形成了 Kumemari 原创风格容器。

伞花六道木

这是 3DK 的房型，共有 3 个房间，每个房间都有 6 张榻榻米大小，所以每个房间空间都很充裕。即使摆放上植物也能有少许余裕。植物的存在为这里增添了色彩，使空间显得更加紧凑。

Q 请看下浇水的工具。

壶嘴尖儿较细，原本是非常珍爱的喝咖啡用的水壶，现在拿来给小花盆浇水。这个简单易操作的喷雾器是在百日元店购买的。铁剪是从母亲那里继承过来的，好像已经有 50 年了。

很喜欢国外古色古香的照明灯具，这是将宜家的灯具和镜子组合在一起后安装的壁灯。"虽然价格便宜，对我来说也是一种吸引力，但也许自己也能制作出来。"这种想法更让我欢欣雀跃，这就是 DIY 的乐趣。

常春藤

右：如果玄关没有植物的话会显得空洞而单调，所以想在DIY的展板处放些绿植。又因为阳光照不到这里，所以放置了些仿真植物。左上："空气凤梨容易干枯"，为了避免这种情况发生，在这里用了仿真植物。左下：空气凤梨和老树很搭配，所以把二者放在一起。

Pick Up!
你的所爱！

赤荚合欢木曾一度掉光了叶子，只剩下了枝干。抱着试试看的态度把它放到阳台上，竟又复活了。使得我对它的喜爱又进了一步。"一到晚上叶子就闭合，'睡觉'的样子着实可爱。"龙血树属植物"生命力很顽强，可以放心栽培"。

赤荚合欢木

龙血树属植物

鹿角蕨

铁线蕨

伞花六道木

仙人棒

正面墙壁的格局是丈夫自己 DIY 的。既是装饰架，又是收纳架，还可以用作电视柜。两人分工合作，丈夫负责 DIY，妻子则负责栽培植物。

08

〔U 家

与绿植相伴的生活。
通过改造和 DIY，能尽情享受

糖松

鹿角蕨

糖松

左：厨房和客厅相连，形成面对面的布局。在天井上吊着从跳蚤市场买来的滑轮，这里是放置鹿角蕨的固定场所。右：在换气扇机罩上面摆放着垂吊型的植物，给人带来满目清凉感。

U 夫妇通过购买二手公寓＋改造的方式实现了理想中的室内装修。他们选择物品的标准是"能够建造精致漂亮的屋顶阳台"，所以栽培植物就成了日常生活中的一件重要事情。因此房子里面满是绿植。阳台自不必说，就连室内也到处都装饰着植物，提高了整个室内装饰的格调和氛围。

植物悬挂起来非常好看，不仅没有使空间变狭窄，而且打扫也很方便。关键是，要事先在准备悬挂植物的地方挂好挂钩。除此之外，为了便于存放水和营养土，

阳台附近的地板要铺上瓷砖。因为改造还产生了一个这样的创意，把洗脸水槽装在走廊中，在这个开放的空间里也有利于照料绿植。给植物浇水、控水都很方便。

墙壁和门、隔扇等都是自己刷的油漆，客厅棚架的安装，也是 U 夫妇 DIY 的成果。他们甚至动手制作了卧室窗户边多肉植物专用的棚架。改造和 DIY 是 U 夫妇享受绿色生活中不可或缺的关键词。

常春藤

伞花六道木

赤荚合欢木

右：沙发旁边摆着两盆植物。伞花六道木是搬家时从以前的住所搬过来的。稍微大点的植物放在装有轮子的台子上，这样移动的时候比较方便。左：干燥的花和在旅游地购买的古色古香的百货一起摆在棚架上，用作装饰。

Q 请看下浇水的工具。

给吊挂植物浇水用的是带有喷嘴的塑料瓶。只需握着瓶体，水就能从喷嘴里出来，所以即使是吊挂起来的植物也很容易浇水。这对于多肉植物来说，也非常便利。右图是无印良品的商品。

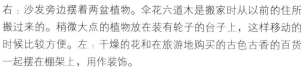

这是从室内看到的屋顶阳台，布置阳台时就考虑要从客厅眺望到那里的植物。居室主人在窗户内侧铺设了瓷砖，即便是土和水把地面弄脏了，打扫起来也很方便。

鹿角蕨

桉树（干）

家具也是夫妇两人用油漆刷过的。每扇门的颜色都略有差异，这种讲究的做法真是让人叹服。用剩余的油漆涂到植物花盆上，使之与整个室内装饰的色调相协调。

Q **如何收纳栽培植物的工具？**

在阳台附近放个篮子，把浇水用的塑料瓶、修剪枝叶时用的剪子、手套、液体肥料、杀虫剂等收纳起来。不管是阳台还是室内都可以使用，这个位置很方便。用在室外作业时戴的草帽把篮子遮起来。

由于是利用窗棂设置的棚架，所以纵深较浅。装上被叫作棚柱的金属零件后，棚架能够来回移动。

多肉植物要多沐浴阳光，除了冬天外，多数时间都需要放在阳台上。居室主人为了在室内也能够欣赏植物而制作了窗上棚架，多肉植物摆放的样子也很可爱。

雪莲

吉娃娃

子持莲华

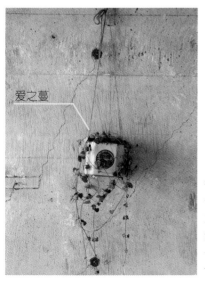

爱之蔓

得到植物爱之蔓时，它就是长在红茶罐里的状态，居室主人将它吊挂在了卧室的水泥墙面上。植物、生锈的罐子和朴实无华的墙壁展现出协调的美感。

大戟属·苏铁麒麟

神龙木

种在铝杯、沙丁鱼罐等容器里面的多肉植物都是些小型植株，所以跟纵深较浅的棚架非常相配。打开窗户，通风和光照都较好。虽说是室内，却有着温室般的环境，很适合多肉植物生长。

把盥洗室分为更衣室和洗衣室，这样不仅便于给植物浇水，而且对于不想把泥土带到厨房的人来说也是个很好的创意。在这里，可以给没有花盆的植物浇水，然后挂在水龙头上控水。

Pick Up!
你的所爱！

吉娃娃

雪莲

鹿角蕨

听说是 U 自己用麻绳将鹿角蕨的根部捆成了圆形。"这是我现在最宠爱的植物。因为能感受到它在茁壮成长，所以很开心。"多肉植物中有着花一样外观的景天科石莲花属植物，不仅有很多人们喜欢的类型，而且它们的种类也在不断增多。

仙人棒属

鹿角蕨

在沙发后面安装了一个棚架，用它来作为摆放绿植的场所。制作时"嘱托木匠不要伤到墙壁"。右面的橱柜上暂且摆放着与工作有关的植物。

09

境野家

有高低层次感的角落。
室内装饰的要点，创造出了
大量种植绿植的同时也没有忘记

绿萝

左：安装在沙发后面的木质搁板最适合藤蔓植物，能增加植物的存在感。右：身为花艺师的妻子真野，从天花板上垂吊了一个干花束。一打开灯，就会在天花板上投射下影子，让人浮想联翩。

有过服装制造和室内装饰工作经验的境野经营了一家绿植店，他的网店也很有人气。

　　境野经营着一家名为 ayanas 的绿植店。夫妇二人生活的房子也是被很多绿植环绕。虽然境野谦虚地说"因为租赁的房子也不宽敞，能做的事情还是很有限"，实际上，摆放的古雅家具和植物相映成趣，透露出很好的美感。

　　植物的种类也是多种多样。从一直都很受欢迎的伞花六道木、大家都很熟悉的绿萝，到人气急剧上升的多肉植物、空气凤梨（铁兰），种类都很齐全。各种植物都被放置在适合它们生长的地方。

　　"在并不宽敞的房子里，如果植物零零散散地栽培的话，看起来会比较杂乱无序，所以通常把它们集中在一起。"境野说道。选择合适的地方，比如在窗边、餐柜周围等，这样一来就增大了植物的体积，很有看头。同时室内装饰也有了层次感，浇水等工作也变得容易。

　　境野在之前工作过的室内装饰店里照料过植物，这是他被植物所吸引的开始。"把植物移栽到合适的花盆里，使之与室内氛围相协调也是件很有趣的事。"而且，现在境野已经把这作为自己的工作，在他眼里似乎植物有着无穷的魅力。

伞花六道木

松萝铁兰

上：这个雅致的房间里陈设着来自英国 G-plan 的餐柜、STANDARD TRADE 的桌子等家具。男女皆宜的中性风格能使人的心沉静下来。右：把伞花六道木的花盆放入笼子里，为了使土壤不至于露出来又装饰上了干花束。这是具有高水平的人才有的创意。

Q 栽培植物的注意事项是什么？

夫妇两人白天的大部分时间都不在家，房屋一直处于紧闭的状态，为了使空气流动起来就使用了循环器。现在的公寓密闭性很高，这种环境对植物生长非常不利。在空气循环器附近再放上香壶，让香味一起循环流动。

喜林芋属

铁兰属·美杜莎

连珠蕨属

虎尾兰

金黄百合竹

水塔花属

因为植物各不相同，所以境野并没有使用统一的花盆，而是根据每种植物的形态选择了适合它们的花盆，这样反倒突出了植物各自的个性，装饰性也很强。

非洲茉莉

把小花盆集中放置在窗户前面的搁架上，成为
汇聚小物品增大空间的范例。搁架是一般商店
也使用的 BOLTS HARDWARE STORE 的物品。

鹿角蕨

眼树莲属·野扇花

仙人棒

鹅掌柴属植物

景天科
石莲花属植物

1. 为了方便控水，把鹿角蕨固定在别的花盆上。2. 受他人委托制作的植物造型。把果实、树枝等放进保存瓶，浸泡在特殊的液体里面而制作的。3. 想把吊挂花盆的铝绳作为商品出售，目前正在进行尝试阶段。灵感源于多面体造型（用稻草制作的芬兰雕像）。4. 在芒果树上钻了个洞，制作成了鹅掌柴的花盆。

Pick Up!
你的所爱！

沙漠玫瑰

美空眸

景天科石莲花属·
石莲花

境野认为与其搜集罕见的植物品种，不如通过外观来选择植物。"狗舌草和景天科植物都是非常普通的植物，但外观造型有趣，所以很喜欢它们。在大卖场用500日元左右就能买的到，经过三四年就可以栽培成感觉很棒的植物。"我喜欢沙漠玫瑰的敦实感。"慢慢栽培植物的过程也有着无可替代的魅力。"

日本吊钟

客厅里面没有放置沙发，而是把桌子作为主角。用作桌腿的组合式家具是在宜家购买的，三合板桌面是在网上的 marutoku 商店订购的。

10

在都市公寓内演绎
树荫情怀，营造出
闲适惬意的居室氛围。

荒津家

桉属植物

玉露

景天科
石莲花属

铁兰·鸢尾

在桌子上面混杂地放着生活用品和植物，营造出柔和平静的氛围。可能是喜欢试管、浅底容器等的缘故吧，在试管里面装着营养液，里面栽培有多肉植物。

这是在纽约旅行时碰到的像植物图鉴一样的书。里面都是艺术画般的美图，详细描绘了很多植物。翻到自己喜欢的页码，将其作为装饰的一部分也不错。《The BOOK of PLANTS》(Taschen)。

结婚搬到新家已经有半年了。在这个简洁而现代的空间里，引人注目的是荒津夫妇的一张大桌子。这是把购买的桌面放到组合的家具上而形成的一个简单构造，非常宽敞，形成了一个惬意、舒适的角落。在电脑的周围布置了很多植物，如果只是在上面冷冰冰地放一台电脑，就会像办公室一样煞风景。由于植物的存在，带来了客厅般的舒适感。

"小时候曾经多次在祖父母的院子里玩耍，所以把生活与绿植结合起来看成是理所当然的事情。我非常喜欢树荫和绿色，甚至都想在公园里上班。"荒津说道。虽然桌子周围的装饰大部分是小型绿植，但是一到初夏，就会购买日本吊钟，并把它大大的枝干插在桌边，仿佛置身于树荫之中。

种植在大花盆中的月橘也能带来树荫般的感觉。花盆下面放着剪切成圆形的木板，成为一个不错的圆桌，这是源于想在树荫下喝茶的创意。有时会把它移到房间的正中间，在家里也能充分体会树荫带来的愉悦感。

月橘

常春藤

特意把月橘放在房间的正中间，以充分享受它的存在。"以前的房子里，花盆下放着一个更大的木板，真的像在树下吃饭一样"。

鹿角蕨

大戟属·苏铁麒麟

英冠玉

大戟马蔺

铁兰·霸王空凤

制作了一个大尺寸桌子，因此有很充裕的空间可以摆放装饰绿植。
右：把霸王空凤放在了一个大贝壳上。左："鹿角蕨和酒精灯的灯架放在一起非常协调，于是就把它装饰在了灯架上。"

松萝铁兰

"因为租住的是刚建的新房，所以没有勇气在天花板上打洞，因此没办法吊挂植物。"只有将唯一的一株松萝用很轻的金属丝挂在了窗棂上。

右：在花盆面板中心的孔里布置常春藤的创意十分别致。左：平时都是靠墙摆放，家中有一株较大绿植的话，能增强植物的存在感。

在荒津家发现的放有植物的小角落

常春藤

山龙眼（干）

野生蓝莓

1. 厨房柜台是个会让人想摆放些什么东西的地方。荒津没有选择日常用品而是用绿植来装饰。常春藤下垂的形态给室内带来了清凉感。2. 卧室里选择用干花和叶子进行装饰，而没有用有生命的绿植。这些花和叶子大多是在东京·四谷的东京堂购买的，那里是销售干花材和加工花材的聚集地。3. 玄关也是用干花装饰的。做实验用的器具在这里发挥了作用。4. 桌子是安装在墙壁上的，玻璃容器中装饰的是水培仙人掌，玻璃容器是刚到手的，用来装饰餐桌。把铜汤壶作为容器，可以用它来装鲜花，这样的创意也很巧妙。

无花果属·
孟加拉榕

Q 请看下浇水的工具

因为喜欢它的颜色，所以购买了这个洒水壶，造型别致，即使是随意摆放也很可爱，所以多数情况下就把它放在植物旁边。喷头是淋浴式的，在室内使用的时候可以把它去掉。它的魅力在于使用起来很轻便，这是英国 HAWS 的产品。

Q 怎么给空气凤梨浇水?

和喷雾的浇水方式不同，需要向植物充分浇水，因此要使用盥洗室的淋浴。用莲蓬头充分地把水浇在植物上，再浸泡一会，如果是晚上的话，还可以放到阳台上将水分控干。"'这下舒服了吧'，好像在跟植物对话的感觉。"

如果说月橘是主角的话，那么放在旁边的孟加拉榕就是配角。深色的宽大叶片很能吸引人的目光。

Pick Up!
你 的 所 爱 !

月橘

鹿角蕨

月橘叶子娇小而纤细，外观上不会过于厚重，所以很适合为家里打造出一方树荫。"开着白色的小花，香气很好闻，即使不看它，也能闻香知花开。"

铁兰·
麻花艽

象耳鹿角蕨

心叶肾蕨（肾鳞蕨属）

听说窗边色彩古雅的桌子原本
是喝咖啡用的，但是却渐渐没
有了舒舒服服地喝咖啡的时间，
完全在忙植物栽培的事情。"我
很开心，自己花费了心思照料
的植物长势很好。"

虎尾兰

室内像是装饰成了一个原始森林！

每天晚上边眺望着绿植边享受饮酒

的时光，真是幸福之至。

井上家

这是从 LD 眺望日光室时的样子。由于重视植物的生长环境，LD 几乎没有摆放植物。漆成黑色的橱柜、铁质照明的灯具成为空间的重点，营造出很气派的室内氛围。

井上 6 年前新盖了房子，他从遥远的英国订购了家具，做了绘图，还自己动手刷了油漆等，在室内装饰上投入了极大的热情。室内装饰虽然以自然风格为主，但黑色和铁质品使得空间变得紧凑起来，创作出完美的混搭风。

房子的基础装修结束后，井上现在开始把热情投向植物。他想将晾晒衣物的日光室充分利用起来，因为有天窗，非常适合植物生长。四年前井上意识到这里是栽培植物的最佳场所时，便开始不断地增加植物。他笑着说："与其说是为了室内装饰而摆放植物，倒不

如说自己已经成了植物栽培家。这跟育儿相比要麻烦的多。"话虽如此，但井上看起来发自内心地享受着这种麻烦。

对井上来说，每晚结束一天的工作回到家后，欣赏这些植物便成为了一种享受。嘴上说着不在意室内装饰，实际上并不是那么回事，他把花盆的颜色统一成黑色、灰色，均匀地配置好花盆的尺寸、悬挂高度等。从客厅望过去，日光室本身就像艺术品一样，能带给人视觉上的冲击。

在厨房里只放置了少许植物。右：窗边放置的是龙血树的一种。呈L形伸展的树枝很有趣。左：有脸部造型的石膏像其实是花瓶，是Birbira 叫"猎人"的系列作品。因为觉得很好玩，所以在它上面摆放上了空气凤梨（铁兰），咋一看像头发一样。

从餐厅向厨房方向看时，房梁给人留下深刻印象。听说内部装饰几乎都是井上夫妇自己设计，做成了自己期望的空间。

Q 怎么给植物浇水呢?

由于种植植物过多，所以几乎不用洒水壶浇水，而是把植物搬到厨房或者浴室进行浇水。把水龙头当作淋浴喷头来用，给植物浇水很方便。等水完全控干了再移回到原来的地方。

石松属

铁兰属

1. 像隔墙一样的古典百叶门用 S 形挂钩来吊挂植物，这是模仿天花板上吊挂植物的方法。2. 整齐地摆放着空气凤梨的角落。在灰色的素烧花盆里放入培养土（从椰子树果实加工出来的木屑），再种上空气凤梨。"营养土既不闷热，又能保持湿度，非常适合栽培空气凤梨。" 3. 体积较大的空气凤梨即便只有一株，也能带来很好的视觉冲击效果。4. 这是在大阪的 Antiques Midi 买到的充满风雅趣味的棚架。在上面可以装饰植物，同时也能收纳植物花盆、工具、参考书等。

圆盾鹿角蕨

盥洗室苔绿色的墙壁营造出异国的住宅氛围。在窗台上并排摆放了两盆空气凤梨。

这是进入玄关时最先映入眼帘的墙壁。首先看到的是长着长长叶片的鹿角蕨，它在气势上不亚于镶嵌在旁边的动物造型。

仙人掌科

左：墨黑色是井上家的主色调。他把之前一直使用的桌子用油漆漆成了墨黑色，用来摆放植物。"墨黑色很能衬托植物的颜色。"
右：这边的花盆也是自己油漆的。所有花盆都是自己动手油漆，这样一来空间整体的色调就一致了。

Q 为什么如此沉迷植物？

原本就有收集的爱好，而且在一个图片共享软件（Instagram）上认识了很多喜欢植物的朋友，这也起了引导作用。看到别人分享的植物图片，就想知道"那是什么植物"，也很想弄到手（笑）。

Q 平时是怎么栽培植物的?

因为工作，一整天都不在家，所以循环器是不可缺少的。在干燥的冬季，也会一直开着加湿器。总之，要优先考虑植物的生长环境。从5月中旬到11月前后，把植物放到院子里，在遮光网下面，它们像在原始森林中一样生机勃勃。

铁兰·霸王空凤

油漆的门和公交站点信息牌上的黑色都很吸引眼球。上面的铁架上陈设着植物霸王空凤。不愧是空气凤梨界的王者，满满的存在感。

Pick Up!

你的所爱!

鹿角蕨·种类不明

马来鹿角蕨

象耳鹿角蕨

井上痴迷植物的契机源于被叫作蝙蝠兰的鹿角蕨。他甚至和朋友们以鹿角蕨普及委员会为名收集植物。听说植物种类非常丰富，个性鲜明，不知不觉间植物就增多了。右侧品种不明的植物是最早收集到手的，因此格外喜欢它。井上很中意象耳鹿角蕨独特的叶子形状和马来鹿角蕨的圆白菜般的储水叶。

蓬莱蕉

黄花新月

绿萝

龙血树属·海南龙血·
朱蕉

千里光属

充分利用家中原来安装
的长凳，在其上面摆上
靠枕。里面的凸窗成了
绿植的世界，大、中、
小不同尺寸的绿植和吊
挂的绿植相互呼应，实
现了空间上的平衡。

这也是其魅力所在。

绿植是室内装饰的最后一步。和日用品不同，它们不会按照人的意志生长，

Yomeg 家

铁线蕨

糖松

芦荟

Relax

松萝铁兰

右：使用箱子，实现了绿植高低平衡的摆放方式。左：在另一侧的凸窗上没有摆放真植物。"为了浇水方便，把它们集中放在了一起。"

Yomeg 用 DIY 的方式改造了有 40 多年建筑历史的独幢楼房。虽然曾经搬过很多次家，一直过着租房的生活，但不管在什么状况下他都热衷于室内装饰。现在住的房子早晚是要拆掉的，所以在得到房东的允许后便开始大施拳脚，创造了属于自己风格的空间。

绿植是装饰空间不可或缺的物品。在客厅、厨房、玄关等室内各处摆放上绿植，为生活增添了不少色彩。"绿植和家具一起成为室内装饰时获取平衡感不可缺少的物品。"

室内装饰的灵感源于书籍和在网上检索找到的国外图片。要想改变室内布置的话，首先找到自己喜欢的家居装饰风格，照着这种风格在杂货店寻找合适的材料。Yomeg 正是属于这种自己动手创造空间的达人。

"很高兴 100 日元左右就能买到植物。多数情况下比日用品还要便宜，从某种意义上讲可以无负担地轻松购入。那些对物美价廉商品很敏感的家庭主妇们对此是非常乐于接受的。话虽如此，因为植物是有生命的，它并不会迎合我们的意愿去生长。不过那也正是植物的魅力所在。"

合果芋

LIFE IS better WHEN YOU'RE LAUGHING

12

电视机旁边装饰上了杂货，成为了展台般的陈设角落。墙壁颇有国外的装饰风格。摆放在那里的一株植物使得角落空间变得紧凑起来。

深藏蓝色的门和蓝色的墙壁构成了让人印象深刻的餐厅。这里没有放置
大的绿植，只在架子上摆放了少许植物。为防止儿童或狗等触碰到植物，
特意把它们放到了高处。

螺旋灯心草

松萝铁兰

通过在天花板附近装饰绿植，人的视
线上拉，视觉平衡感很好。红色花盆
在蓝色墙壁的衬托下，成为室内亮点。

石刁柏

玻璃搁板上面装饰的是丽萨·拉尔森
的命名为"亚当和夏娃"的作品，与植
物背景非常相称。

仙人棒属

铁兰

色彩鲜艳的柜子是用来装饰家人照片
的地方，在柜子上面的墙壁上安装了
一个小棚架用来作为植物角。

这是带有窗户的明亮厨房，要控制带土的植物，因此主要以鲜花、水培绿植为主。"很喜欢细叶芹、迷迭香等，还喜欢香草。"马赛克瓷砖是主人自己贴的。

装有多肉植物的吊壶是从朋友那里得到的。悬挂在厨房棚架上，非常有意思。

百里香

把百里香种植在点心盒状的铁罐中。做饭时只放入少许即可，很方便。

绿萝

把折断的绿萝插入水中，就会重新生出根部。这种顽强的生命力也是植物的魅力所在。

蓬莱蕉

在铺设榻榻米的玄关中铺上了地板垫，给人焕然一新的感觉。在这个地方也装饰了绿植，那些只到玄关就止步的街坊邻居们也会感到清新、悦目。

Q 陪伴时间最长的是哪种植物？

是放置于客厅（P74）凸窗左侧的蓬莱蕉。还在单身时就购买了，到现在已经有十几年了，有段时间曾把它放到老家，后来又重新取回来了。最近蓬莱蕉长得较大了，所以进行了分株，分栽到了其他的地方供人欣赏。

蓬莱蕉

常春藤　　　　　　　　　仙人掌

仙人掌　　　　　　　仿真植物

放在玄关的玻璃展示柜是整个空间的主角。"像个面包箱，有点陈旧。"因为阳光能够照射进来，就把它作为植物棚架。仿真植物也非常自然地一起装饰空间。

Q 请看下浇水的工具

浇水时不用专门的洒水壶，而是用沏茶时用的热水壶代替。为了省事，浇水时会同时拿两个水壶装水。这样就减少了往返接水的次数。这两个热水壶都是由野田琺瑯制作的，平时并排摆放在厨房里。

凤尾松

Q **植物失去生机时
怎么办？**

我们摆放绿植的时候，往往会以室内装饰的观点来决定它的位置，其实应该考虑光线、通风和湿气等因素，把植物移到更好的位置。改变植物的摆放位置，再观察它的长势，大多数情况下会恢复生机。如果植物实在是非常衰弱了，有时也会放在母亲那里，让母亲帮我养。（笑）

椒草属植物

Yomeg 家的盥洗区有天窗，室内光线十分充足，植物长得生机勃勃。为实用主义至上的盥洗区增添了一些使人心情愉悦的生机与活力。料理钵用作花盆罩，与盥洗区的氛围很协调。

Pick Up!

你的所爱！

仙人球·内裹玉

芦荟

这两种植物都是从朋友那里得到的。"仙人掌好像是按这种组合方式整套出售的。深粉色的花盛开得非常可爱，水栽植物也很有趣。知道我喜欢植物的朋友来玩的时候，作为礼物送给了我。"

看着屋里的整洁雅致，你很难觉察这个家庭有一个5岁的孩子和一个7岁的孩子。"当然他们也曾经把绿植打翻过，但是孩子能感觉出父母很重视绿植，所以不会乱来。"

13

冈本家

各自的魅力。
植交相辉映，散发着
鲜花、干花和盆栽绿

常春藤

莲花掌属·
黑法师

豆冠苍角殿

金花六道木

右：从客厅望向阳台一角，"这是丈夫最近 DIY 的成果。因为阳台的墙面不好看，所以在上面贴上了木板，用于放置植物。"左：有关冈本典子插花课程和活动的相关情况，请查看网页：www. tinynflower. com

"插花师"冈本典子非常活跃，既教授鲜花搭配，又在杂志等刊物上发表插花文章。在她家里另有一番新天地，整个家布置得非常典雅，摆放着古色古香的家具，在这样的空间里摆满了植物！既有鲜花、盆栽，也有干花，3 种形态各异的植物交相辉映。典子就是这样生活在绿植围绕的生活中，通过魔法般的打造手法，使它们散发出各自的魅力。

"因为丈夫喜欢 DIY，所以一直在寻找有改造价值的房子，最后购买了这个二手的独幢楼房。我把室内装饰的想法告诉了丈夫，他帮我实现了这个愿望。"冈

本说道。由于喜欢陈设，所以会经常改变下室内格局。一有"放在这里会比较可爱"的想法，就会立马实施。一直在探索更好的室内装饰，所以室内空间会经常发生改变。

"一开始就对整个家进行装饰的话，会比较困难。可以从小处开始着手，比如，把自己喜欢的凳子放在一个角落，再摆上花和植物。注意，不要在那里放置有生活气息的物品。这样就轻松创造出了一个令人满意的角落。既能在此体验不断变化的季节感，又能愉悦心情，推荐一试。"

膨珊瑚

黄金纽

仙人棒

沙发后面是盆栽植物的位置。由于是凸窗，光线明亮，对于植物生长来说是非常合适的场所。植物垂吊下来或是使用木箱能够制造出高低错落的层次感。

唐印

青锁龙属·银箭

这是沙发后面靠近窗边的位置。右：装饰着多肉植物和仙人掌。在古色古香的花盆里进行混栽的方法很有创意。左：把几个小花盆一起装饰到别有风情的木箱里。这样一来不仅增大了植物的体积，而且也节省了花盆的托盘。

铁兰·树猴

空气凤梨不仅重量轻，而且生长不需要土壤，垂吊起来也能观赏。树猴充满个性的外观和淡雅的颜色与冈本家的室内装饰非常协调。

玻璃橱柜最适合陈列物品，摆上玻璃棚架，在里面和周围装饰上干枯植物。百叶门古色古香，透露出自然的气息。

冈本利用植物制作出各种各样的艺术品，用油画画布和干枯植物制作的相框简直就是一幅立体植物画。听冈本说是用热熔胶枪固定起来的，用热熔胶枪把花和果实固定在拉菲亚树叶纤维上做成了一个花环，对于平时不做手工的人来说这个创意很容易借鉴。

日本吊钟

这是客厅的入口处，通过左侧古色古香的门连接玄关。右侧的门则是空间重点，主要用来映衬植物和杂货。

在冈本家发现的
植物摆设创意

1. 把人像造型和法兰绒的干花一起放在铁板上用于装饰。2. 在四方形玻璃容器里放进松萝和红胡椒。3. 门上装饰的不是花环，而是带着球根的干花。4. 植物根部也作为漂亮的艺术品从照明杆上垂吊下来。5. 只需在玻璃花瓶中放入干燥的种子和花，就成为了漂亮的装饰品。

赤荚合欢木

石刀柏

玄关处放着一株赤荚合欢木。这里也放着工作用的插花材料，它们自然而随意的样子很漂亮。鞋架上还放着箱子，陈设着干花草。

听说是比照着位于东京·西荻窪的 kothito 装修出来的空间。"不仅教我花草的布置方法，还会传授关于陈设方面的知识。我很喜欢这样的授课方式。"

热情，日常生活一下子变得乐趣多多。

对于突然盛开的鲜花＆生长的绿植充满

14

Hamakaji 家

黄金葛

松萝铁兰

眼树莲属植物

千叶兰

白石莲

草胡椒属

赤鬼城

美空眸

东南侧的窗边成了摆放盆栽绿植的固定位置。同等大小的小盆栽有很多，或者把它们悬挂起来，或者放在窗框上，或者搁在长凳和木箱上，主要是为了给装饰增添些灵动的色彩，不至于呆板。铁凳是拜托同事做的。

因为是餐厅的窗户，所以不用担心被偷窥，把它作为摆放植物的场所而没有悬挂窗帘。把干枯的枝干、花朵和藤蔓捆在一起增大了植物体积，从窗帘轨道上垂吊下来。

　　Hamakaji 家装饰的很有咖啡厅或画廊的风情，以至于连自己都想问："这真是自己家吗？"大概半年前，Hamakaji 开始变的非常喜欢绿植和花朵了，改变的契机源于一场改造。Hamakaji 当时有个心愿，想住在一个拥有宽阔客厅的空间里，于是进行了这场改造。

　　房屋交工时，部分地板和墙壁都还挂着灰浆。但是裸露着的水泥反而使这个家看起来更像咖啡馆。"这样的灵感源于东京·中目黑 haiku 的装饰。我喜欢在水泥空间里放置少许北欧风格的家具。"

　　刚住进房子时，因为房间比较宽敞，就突然想要装饰体积较大的植物，这便是和植物共同生活的开始。在装饰有季节性的樱花、玉兰、日本吊钟等植物的同时，也学会了欣赏比自己还要高的枝干。在逛花店和绿植商店的过程中，注意到了盆栽绿植、插花和干燥花的装饰价值。"对植物了解尚浅，还是初学者。但是，夫妇俩人会经常交流着'放这边？放那边？'，类似的事情新鲜而有趣。"

日本吊钟

在厨房做饭时，不经意往右边看一下，首先映入眼帘的是一株大大的、几乎要顶着天花板的绿植枝干，它是装到电车上带回来的。

原本客厅的隔壁还有一个房间，把墙壁打掉后变成了一个面积有24张榻榻米大小的LDK。如此一来，就能做出像"宾馆大厅"般的陈设了。"用于装饰的白桦树是去拜访上司老家时，在那里的大山上发现的。"

Q 怎么才能记住
植物的名字?

为了日后能够确认植物名，可以把
购买时附带的标签和植物一起用智
能手机拍下来。因为已经成了习惯，
所以即使把标签去掉，也不会把植
物弄混淆，在查阅资料时也很方便。

这是从客厅一侧观察到的入口处的样子。之前把地板委托
给了建筑承包商，他们给安装了一个全黑的地板，与期望
的效果完全相反。于是，我们自己动手使用锉刀把它改造
成了现在的样子。

为了营造出舒适的空间氛围，需要把物品
减少到最低限度。家具选择了设计比较轻
快的类型，沙发是 IDEE 的产品，矮桌是
在 LEWIS 购买的，餐厅套装是马里·塔皮
奥瓦拉（IlmariTapiovaara）设计的 pirka
系列。

伞花六道木

帝王花（干）

右：大盆栽绿植目前只有伞花六道木，旁边摆放着椅子和铁艺收纳笼。左：帝王花买的时候还是鲜花，后来是我们自己将其做成了干花。在白色墙壁的映衬下，干燥后的花姿很美。

Q 请看下浇水的工具

现在还没有专用的洒水壶，大多时候是把植物放入铁桶中浇水。由于在阳台上有水龙头，可以接上长长的淋浴软管，不仅是土壤，就连叶子也能喷上水，很方便。

给空气凤梨等浇水时使用的是这个喷雾器。高中毕业时，不知什么原因，喜欢足球的丈夫送给了我这个作为生日礼物。我到现在还保留着，丈夫知道时非常吃惊。现在这个喷雾器在发挥着很大的作用（笑）。

龙爪柳（干）

桉树（干）

帝王花（干）

海扇

右：这是餐厅一角的植物摆设，把干帝王花放进了玻璃瓶中。左：在玄关处装饰上了干枯的枝叶，这是在山上捡到的。旁边瓶中插的是像艺术品一样的干龙爪柳。

Pick Up!

你的所爱！

铁兰·霸王空凤

日本吊钟

装饰上比人还高的大枝干后，整个空间发生了很大的变化。其魅力之处在于通过它既能感知季节，又有几个月的时间可供人充分欣赏。"令人欣喜的是竟然还有霸王空凤这样的植物！我被它的魅力所折服，不时会挪动下它在家中的摆放位置。"

赤芙合欢木

一人高的赤芙合欢木是放在餐厅迎接客人的象征性植物。它和略显质朴的椅子、照明灯具及古色古香的家具一起形成了含有怀旧风格的陈设。

15

松田家

将古色古香的法式风格家具和植物融合在一起的室内装饰，让人心情放松、愉悦。

白粉藤属·
菱叶白粉藤

左：桌上随意放置着恐龙和迷你小汽车。在法式风格的室内装饰中加入孩子的玩具，使人觉得充满了童趣。右：桌子上装饰着有季节感的鲜花。"栀子花的花期很短，用来作为装饰不免有些浪费，但还是想用它来装饰房间"。

绣球花

栀子花

野生蓝莓

松田夫妇18岁时参加过花艺学习班，在那里他们被鲜花、植物和古色雅致的家具搭配在一起产生的协调感所吸引，这也是现在生活的起点。

位于东京自由之丘的很有人气的网店——brocante，将怀旧的法式家具和植物、庭院完美融合在一起。网店的经营者松田夫妇家里摆放着带有历史感的家具、工具，店里的古色古香的门、铁制窗框、被涂刷的柔和自然的墙壁，充满了法国田园生活般的风情。

男主人行弘亲自做了庭园设计，女主人尚美提出包含花在内的室内装饰方案。不愧是夫妇，俩人默契十足，他们都认为在室内和玄关处装饰绿植和花卉是不可或缺的。由于是市中心的住宅，不可能建造出像郊外那样的宽广庭园，但是即便身在都市中，也能充分体味被大自然包围的生活。

行弘竟然谦虚地把自己称为"懒汉"。室内大多选择的是生命力顽强的植物。"在过去一直有的、生命力强的植物里面，把'看起来不土气'作为选择标准，使得植物和室内装饰相协调。"

夫妇俩有两个儿子，分别是5岁和12岁。"我们家'养花''种植物'。虽然只是让他们做些'采摘香草'这种程度的小事，但如果这些细碎的小事能给他们留下回忆，也是件开心的事。"尚美说道。绿植如同呼吸般自然地存在于家人的生活中。

石刁柏

无花果属·
垂叶榕

右：在厨房的高处安装了一个棚架，上面摆放着引人注目的字母造型和杂货。左：因为厨房旁边的这个位置有个天窗，所以放置了很多绿植。垂叶榕是一种观叶植物，有着较好的形态，如果选择树形不够精致的植物，整个空间的印象也会发生很大改变。

折鹤兰

眼树莲属·
金瓜核

草胡椒属

柳叶椒草

百万心

右：多数情况下选择花盆时，都是按照"能把盆栽放进去"这种标准来选的，如果花盆的体积较大，还可以作为花盆罩来使用。白色带有壶嘴儿的花盆产自日本。左："折鹤兰等观叶植物能使人心情放松。"尚美说道。为了与室内装饰相搭配，用黑板涂料重新刷涂了罐子。

右：厨房窗户是之前一直在法国时使用的样子，是主人在日本的家中重新制作的。在开关窗户的把手上挂上了植物。
左：这个地方也是厨房的一角，在质朴的白色罐子里种上了可爱的植物。

仙人棒·甘菊

厨房的墙壁被涂成了雅致的颜色，据说这是参照居住在法国里昂的朋友家而涂刷的。"法国朋友家的颜色中带点灰色，我很喜欢那种颜色和不锈钢颜色之间的搭配。"

松田家的房子建成大概有 40 年
了，目前正在对 2 楼进行改造。
在客厅凸窗外面的阳台上放置
了很多盆栽，一时间使人忘记
了自己是身处城市的住宅区。

万带兰

肾蕨

我采用的是粗放的栽培方法，浇水也是适可而止。如果是在这种情况下也能很好地存活下来，那就都是生命力顽强的植物。多数情况下，专业人士也是从失败中吸取经验教训的，所以即便失败了一次，也不要认输，继续挑战。

高山榕

鹅掌柴属

左：可能是暖气散热片和墨黑色墙壁散发着异样光彩的缘故吧，放眼望去，玄关处很有异国的感觉。鹅掌柴、无花果等虽然是常见的观叶植物，但因为长相不俗的枝干，跟松田家整体氛围非常相称。右：把花盆放到玻璃瓶里，这样既省去了套盆，又不容易倒，可以说是一举两得。

Pick Up!
你的所爱！

石刃柏

肾蕨

心叶肾蕨是尚美比较中意的植物。"年轻的时候全然觉察不出它的好，可能是年龄大了的缘故吧，最近常常被过去的植物花卉所吸引。"行弘提到石刃柏时说"总之它的生命力很顽强，即使干燥些也没关系。不光自己可以安心栽培，也可以向别人推荐。"

PART 2

室内装饰绿植帮助手册

想把绿植引入生活中，却有很多不清楚的事情。比如，怎么给植物浇水？对于初学者来说，该选择什么样的植物？去哪里买植物？这里对大家想了解的信息进行了汇集。

室内装饰绿植
Q&A

采访对象　境野隆祐

境野隆祐

境野隆祐在东京·狛江市开了一家绿植店，同时也在经营人气网店 ayanas。他教给了我很多关于购买装饰用绿植前的须知，这些都是他在培养植物的过程中总结出来的经验。"根据植物的种类、放置环境不同，答案也各不相同。请把这些经验当作做入门知识来阅读。"

并不是把植物买回来后，一切就万事大吉了。
这意味着和植物共同生活的开始。
植物丰富了我们的生活，为了让它们健康生长，
我们需要知道培育方法、相处方法等基础知识。

Q1 购买植物前的须知是什么？

最近，出售室内装饰绿植的店多了起来。商店里，很多小小的植物在可爱的小花盆中长着，很容易就能购买到。可能很多人栽培植物的第一步就是从这些商店开始的。

"植物很容易就能买到手,所以刚开始的第一步还是比较简单的。但是，植物是有生命的，需要把它放置到合适的生长环境中，而且买入后也必须精心照料。希望大家能够意识到这一点，但是也没有必要上升到'像对待宠物一样'的高度。"

当然了，有一点是必须要认清的，植物和日用品不一样，不是买来后放在那里就行了。"之后，请不要忘记'植物是会长大的'。有的能一下子长高很多，有的是叶子增多，植株体积变为原来一倍以上。"植物长大之后，如果因为空间宽敞度的限制而不能把它放到明亮的地方，就会比较麻烦。所以，要事先确认植物的生长速度，能长多少尺寸，这都是很重要的。

顺便说一下，没有必要因为"植物长大后就摆放不下了"而放弃。因为即使是外行人，有些植物也很容易就能打理好。所以，购买植物之前确认一下会比较安心。

在商店里确认好植物的管理方法、能长到多大等信息之后再购买植物。照片是境野的植物店 ayanas（ P124有详细介绍 ）。

总结

植物是有生命之物。
有必要放在适合生长的场所进行管理。
另外，植物会长高，枝干也会伸长。
即，不要忘记植物在生长！

Q2 在阳光照不到的地方、光线暗的地方也能摆放的植物是什么？

在寻找作为装饰的绿植时，人们往往以"我想摆放在这里"的眼光寻找。但是不要忘记，植物基本上都是在室外栽培的，即使是作为室内装饰绿植的观叶植物也是如此。虽然也有耐阴性植物，但无论什么植物，接受阳光的照射都是必需的，在完全黑暗的地方，植物是不能生长的。

"似乎也有人认为打开电灯就不暗了，但是这种光亮对植物来说是没有意义的。即便是稍微有些耐阴的植物，把它们放在没有窗户或者窗口很小的地方也是不合适的。如玄关、盥洗室、浴室等地方，植物在这种环境下大多难以生长。虽然可能不会马上枯萎，但早晚会失去生机。"

当听到植物有耐阴性时，很容易认为光线暗的地方也可以生长，对其的正确理解应该是：光线不是一直都很充足的地方。"作为最低限度的必要亮度，应该满足关掉电灯后能够阅读报纸的程度。"

植物基本上都喜欢光照充足的地方。

> 总结　在完全没有阳光照射的地方、
> 黑暗的地方，
> 植物不能生长。
> 不管对于什么植物来说，
> 阳光都是必须的！

Q3 初学者应该从小植物开始吗？

蓬莱蕉（上·松山家）和无花果属·孟加拉榕树（下·荒津家）等中等大小的植物很容易栽培。

"如果连小植物都枯萎的话，那大植物肯定就更不行了，好像持这种想法，不选择大植物的人很多。事实可能未必如此，因为小植物的茎和根还不太稳定，有很多方面管理起来比较难。"

与同种植物的小植株相比，生长到一定程度的植株具备更强的适应环境的能力。所以，初学者更不应该选择小植物，从中等大小的植物开始尝试才是可行的。

> 总结　反倒是小植物，
> 有很多方面难以照料好，
> 所以初学者应选择中等大小以上的植物。

Q4 该如何选择植物？
只凭喜好挑选植物行吗？

　　大多数的观叶植物喜欢光线明亮、通风好的地方。如果能够确保植物生长有适合的环境，那么可选择植物的范围就很广，从个人的喜好来挑选也可以。但另一方面，如果选择的场所只是在早上有光线进来时才明亮，其他时间比较阴暗的话，就有必要按照耐阴性高的标准来选择植物，可供选择的植物范围一下子就小多了。"去植物店购买植物时，最好告诉店员窗户的大小和朝向，询问下想买的植物是否适合这种地方。把室内照片拿给店员看也是一种有效的方法。"

　　顺便说一下，人们一般会倾向于购买植株小、可爱而且看起来比较容易照料的多肉植物和仙人掌。但这些植物大多喜欢阳光，除寒冬以外，最好是把它们放在阳台或淋不到雨的室外。如果只是想把它作为室内装饰绿植来欣赏，就可以搬入室内并放到阳光能照射到的窗边。

　　"总之，因为纯粹的'喜欢'而选择植物非常重要。因为如果是喜欢的植物，心中就会涌起无限爱意，照料起来也会更仔细。"

> **总结** 选择与摆放位置相契合的植物很重要。在植物店告诉店员植物放置的环境，确认植物是否适合那个地方。

朝向东南方向的大窗户前面是栽培植物最好的地方。照片是境野家的客厅。

"在植物失去生机前，认真观察植物，早发现是非常重要的。"境野说道（上）。"因为每家的环境都不相同，培育方法也各不一样，仔细观察尤为重要。"Atsushi 说（下）。

Q5 植物失去生机时该怎么办？

"'没有生机 = 水分不足'，有这样想法的人好像很多，事实未必如此。因为浇水过多也是植物失去生机的原因之一，所以还是不要轻易有'立马浇水'的想法。"

光照不足、通风不畅等也是植物失去生机的原因，所以首先要从以下两件事情开始做起，首先回忆下最近对植物做了什么，然后再检查下植物的摆放位置是否合适。如果感觉浇水过量就尝试控水，如果放置的位置通风不好，那么就更换到空气流通较好的地方。排除掉可能的原因后，再仔细观察植物的样子。

"在更换植物位置的时候，需要注意环境的急剧变化对植物带来的影响。从阳光不怎么照射的地方突然更换到阳光较为强烈的位置，会给植物带来巨大伤害。如果植物一开始是在阳光照射不到的地方，就应该先把它移到隔着花边窗帘的地方慢慢来接受下阳光，或者把它移到阳光直射不到的位置，一点点让它来适应环境，这样的做法会比较好。"

总结 "植物失去生机应该立马浇水！"
这样的想法是错误的。
还应检查光照、通风等其他的因素。

Q6 植物生长除了阳光 & 水以外，还需要什么？

"大多数人栽培植物时会意识到植物的生长需要'阳光'和'水'，但还有另外一个重要因素就是'风'。"

长时间处于密闭状态中的室内不利于植物的呼吸，在密闭性较强的住宅和公寓等地方更要特别注意。即便给予植物充足的水分和光照，它们也会渐渐处于不良的状态，这是导致叶子水分蒸发、生虫的主要原因。

总之需要一些对策，可以使用循环器让空气循环或者使用换气扇来使空气流动。顺便说一下，直接吹风对植物生长是不利的，也包括空调的风，不要把植物放在风能直接吹到的地方。

白天多数情况下家中无人，且处于密闭状态的房子中，推荐使用循环器使空气流动。

总结 植物喜欢通风良好的场所。
如果是长时间处于密闭环境的话，需要采取相应的对策。

可以把手指插进土壤以确认是否干燥。"一旦熟练之后，单凭端起来后的感觉，就能察知土壤是否缺水。端起来确认也是方法之一。"

Q7 植物健康生长的浇水要领是什么？

"如果土壤表面干燥，就需要充足的水，这是最基本的浇水方式。给植物充分浇水，努力等待，再充分浇水。总之，浇水时的强弱张弛很重要。"

不同的植物浇水的频度也各有差异，如果放在室内的话，每天都必须浇水的植物没那么多，大多一周到十天浇一次就可以。

每天都给植物少量浇水的方式，会导致花盆中旧水淤积、植物根部出现腐烂和产生异味。所以在浇水的时候，需要把旧水从花盆底部清除出来。花盆底残留的水分是植物根部腐烂的原因，必须把它放掉。

"很多人喜欢在放置植物的地方浇水，我推荐在水池、阳台、院子里把植物集中起来浇水。等完全控好水后再放回原来的地方就行。不仅是土壤，叶子上面也要洒水。没有必要每天浇水，所以照料起来就很容易。"

很多初学者会担心浇水少会引起植物缺水，因此给植物浇了过量的水，从而导致植物根部腐烂并最终枯萎。所以要留意给植物浇水的频率。

"实际上，就连有几十年栽培经验的人也会觉得'浇水很难'，给植物浇水没有标准答案。只能是根据放置的环境和植物的不同而有差异。因此，认真观察植物的生长状况很重要。"

总结 如果土壤表面干燥的话，那就给植物浇充足的水分直至有水从花盆底部流出。要留意浇水时的强弱张弛，不要浇水过量。

把植物拿到厨房水槽处浇水不失为一种方法，此外，还可以把植物拿到阳台处集中浇水。

Q8 请告诉我们空气凤梨（铁兰）的浇水方法。

空气凤梨（铁兰）一直很受欢迎，因为不需要土壤，所以空气凤梨（铁兰）能像日用品一样摆放到各处。人们往往会觉得栽培起来很简单，让人意料不到的是，若想使铁兰长得生机勃勃，其实每天都需要辛勤照料。

"冬天以外的时节里，每周用喷雾器或洒水壶浇水 2~3 次，冬天的话，每周 1 次。不能只润湿下就完事了，而是要充分浇到水可以从上面滴落下来的程度。之后，放在通风良好的地方进行干燥。"

需要注意的是，如果在气温高的时间段里给植物浇水，水分温度会随之上升，植物就会像被煮了一样。所以，可以在日落之后给植物浇水，这是比较理想的。

如果植物干巴巴的，那么可以把它整个放到蓄水的桶里面浸渍 6 个小时左右是比较有效果的。之后进行控水（特别是霸王空凤等叶子之间会积水的植物），控水之后不要忘了要充分晾干。

"有白色绒毛覆盖的植物耐干旱能力比较强，所以对容易忘记浇水的人来说，这些植物可能更合适一些。"

据说，Yomeg 在大多数情况下都用喷雾器给空气凤梨浇水。Atsushi 是在桶里储水浸渍。"最近因为数量增多的缘故，很多时候会在浴漕里浇水。"

> 总结　每周给植物充分浇水 2~3 次以上，
> 直至有水滴落下来。
> 之后，不要忘了晾干植物。

Q9 听说过"叶水",那是什么?

用喷雾器等给植物叶子喷水就叫叶水。给土壤浇水可以使水分从植物根部运往全身,叶水可以补充从叶子溜走的水分。

"一般来说,植物倾向于温暖湿润的环境。但是,日本的住宅,特别是市中心的住宅环境对植物来说过于干燥。因此,用喷雾器给叶子喷水非常有效。这和人很相似,人不仅仅要喝水,而且还需要用化妆水等给肌肤补水,就是这个道理。"

给土壤浇水过量是导致植物根部腐烂的原因,但一般情况下,用叶水方式的话,即使浇水过多也没关系。所以,有过因浇水过量导致植物根部腐烂、枯萎经历的人来说,采用叶水的方式比较好。

"叶水也能防止植物生虫,同时还能清扫下叶子上面的灰尘。"

上:"我很享受用喷雾器给叶子浇水的时光。"Kumemari 说道。
下:Koenyoko 的基本原则是:给叶子浇充足的水直至水滴到地板上,"因为这样就不会生虫子了"。

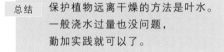

总结 保护植物远离干燥的方法是叶水。一般浇水过量也没问题,勤加实践就可以了。

Q10 记不住植物的名字,该怎么办?

植物数量一多,仅仅做记录就不够了。所以,把植物名字牌插进各自的花盆里也是一个好方法。

即便是自己培育的植物,好像有很多人也完全不知道名字。不是专业人士,记不住植物的名字当然也不会有什么问题。但是当植物失去生机的时候,或者不清楚浇水的频度和植物放置场所的时候,就可以利用植物的名字进行查询。想在熟悉的植物商店询问管理方法,或者想在网上检索查询时,如果不知道植物名字的话那就真让人一筹莫展了。

"单是知道植物名字,查询的方式就有很多了。所以,最好还是记住植物的名字。"

保管好购买植物时附带的标签,在笔记本上做下记录,以后会用得上。

总结 不清楚培育方法时,植物的名字就可以发挥作用。因此,尽可能记录下植物的名字。

Q11 有没有推荐的植物装饰方法？

在沙发旁边的边桌上均匀地摆放着大、中、小三类植物，不仅增大了体积，而且提高了植物的存在感（Koenyoko 家）。

"首先，大前提是放置在适合植物生长的地方。推荐的方法是集中装饰，特别是小植物，如果零星地散落在房间中，就很难成为一幅画面。浇水等日常管理也很麻烦，把它们集中起来也方便照料。"

如果放置在每天都能看见的地方，不仅能带来视觉上的享受，而且也容易注意到植物的变化。所以，装饰的要点是把植物放在眼睛容易看到的地方。"最开始往往会考虑放一株植物，但与一株植物相比我推荐放 3 株左右的植物来集中摆放，大、中、小尺寸的植物各有特点，既能取得设计上的平衡，还能增强植物的存在感，而且也容易照料。"

另外，选择与环境氛围相协调的植物也是关键。"在不是很明亮的地方，与其放置叶子密度大的植物，不如放置那些易于透光和通风的植物，或者像草那样的植物，这样就不会给人留下厚重的印象。另一方面，在明亮的场所，不管放置什么植物，都能自然形成一幅画面。"

总结　把 3 株左右的植物放在一起装饰空间，不容易忘记，而且也便于照料。

Q12 最后，给植物装饰的初学者什么建议？

"首先，要尝试栽培，这意味着全部。"虽然也有些购买前的须知，但如果不尝试栽培的话，还是什么也不知道。这是专业人士的建议。

由于植物个体不同、放置环境不同，最终照料植物的方法也不同，实际上没有标准方法。即便是专业人士，有时候甚至也会给出完全相反的意见。

"即使是园艺经验很丰富的人，有时也会出现因为浇水失败而导致植物枯萎的情况。所以，不要害怕失败，我希望大家能够满怀爱意来进行挑战。"

总结　首先要尝试培育植物，不要害怕失败！

为初学者推荐的绿植

如果是初次购买植物的话，是不是很多人都想着从易于栽培的植物开始呢？

向各位植物爱好者咨询了他们各自推荐的植物。

根据放置环境、植物个体的不同，每个人感觉也是不一样的，

以下仅供参考。

PART 1
专业人士的推荐：小尺寸

芦荟同类植物

过去大家都很熟悉的芦荟是比较容易培育的植物代表。虽然统称芦荟，但也有很多想象不到的新品种已经上市，也会遇到像右图这样形状的植物。由于需要浇水的频率比较少，所以比较适合慵懒的人。

右图：从左到右依次是细茎芦荟、进口芦荟 Aloe Flamingo、索马里芦荟。

喜林芋属同类植物

在这次采访中经常出现的琴叶喜林芋、蓬莱蕉都是喜林芋属的植物。由于这类植物有耐阴性，放在光照不是太好的地方也没关系。既有照片中的淡绿色，也有石灰绿，适合喜欢这种色调的人。

左图：从左到右是 Philodendron oxycardium、Philodendron imbe Silver Metal

虎尾兰属同类植物

虎尾兰有锋利的叶子，颇具热带风情。我们经常可以看到中等尺寸大小的虎尾兰，由于容易栽培，所以即使尺寸比较小也可以放心购买。植株本身能够蓄水，再加上有耐阴性，光照稍微差一些也没关系。

上图：从左到右依次是虎尾兰·贝拉、金边短叶虎尾兰、Sansevieria powellii

绿萝

即使不喜欢植物，但绿萝的名字应该是知道的。最近，绿萝出了些新品种，这些新品种保留着容易培育的优点，且叶子的形状和颜色很有趣。所以，"有点古老？"不要擅自下结论，一定要亲自确认下。

上图照片是绿萝其中的一个品种——PothosTeruno Shangrila，叶子卷在一起是它的特征。

蕨类植物

即使土壤一直湿漉漉的，对于蕨类植物来说也没关系。所以推荐给那些不怎么考虑浇水时间（每天或两天浇一次水的人），或因浇水过量而导致植物根部腐烂的人推荐这类植物。

上图：从左到右依次是石韦、蕨属·凤尾蕨、蕨属·金钗凤尾蕨。

细叶榕

细叶榕的特征是根部向上生长（根长在土壤上面），所以根部造型也可以用来观赏。由于生命力顽强，即使是小尺寸的植物也可以放心栽培。最应该牢记的是土壤干燥时要浇水，放置在光照好的地方。

多蕊木属植物

即使不知道名字，但伸展的叶子像张开的手一样，这种多蕊木是随处可见的普通观叶植物，是一种容易栽培的绿植。仔细观察树形，你会发现它有各种各样的形状，非常有意思。

无花果属（橡皮树）同类植物

当听到橡皮树时，一般会把它想象成稍微有点古老的植物。其实伞花六道木、垂叶榕等都是无花果属同类植物。它们品种丰富，富有魅力。生长比较迅速，是可以向初学者推荐的绿植。右边的图片展示的是无花果属·垂叶榕·百可。下图的两棵植物是无花果属·孟加拉榕。虽然是同一种类的植物，给人的印象却有很大不同。

鹤望兰的同类植物

想在宾馆等处放置一盆营造空间氛围的植物时常使用鹤望兰，它的形态与时尚的室内装饰氛围很协调。它的生长与繁育速度都比较快，眼瞅着它就长大了、变化了。这种栽培上的成就感与喜悦感可以激发初学者的干劲。上图：右边是无叶鹤望兰，左边是尼古拉鹤望兰。

龙血树属
同类植物

细长的叶子就像掸子一样长在枝头是龙血树的特点。它不愧是常见的观叶植物，生命力顽强，浇水少一点也没有关系。因为叶子纤细，体积不会过于庞大，所以即使将其种于小花盆中也完全没有关系。有各种树形。左图是龙血树属·海南龙血树。

丝兰

丝兰是生命力顽强植物的代名词，浇水很少也没有关系，所以可以把它推荐给自认为懒散的人。它的枝干既有径直伸展的类型，也有弯曲的类型，就连树形也给人不断变化的印象。需要把它放在阳光能充分照射到的窗边。

● PART 2　大家的推荐

绿萝

长着心形叶子的绿萝，不仅具有之前提到的
生命力顽强的特性，而且还具有耐阴性，所
以对于重视室内装饰的人来说是非常合适的
植物。

咖啡树

"我认识的一对夫妇花了 20 年时间才把它栽培大，对
此我很是感动。"以此为契机，Yomeg 开始栽培咖啡树。
"顺便说一下，在百日元店就能买到的植物多数都很健
康，适合初学者栽培。"

Kumemari 的推荐

赤荚合欢木

赤荚合欢木一到晚上叶子就闭合，天一亮叶
子又重新打开。"能让人真真切切地感受到它
在活着，并且由于它的这一特性，可以很清
楚地判断出它是否有生机。我觉得它很适合
初学者。"

各种水培植物

"如果是水培的话，就没有必要考虑浇水的时
机等因素，而且能养很久。容易把植物养死
的人值得一试。"虽然有些水培植物长得有些
纤细，但也多了一种享受绿植的选择。

Koenyoko 的推荐

垂叶榕·百可

这是无花果属的同类植物，圆圆的卷着的叶子是其特征。培育了很多种植物的 Koenyoko 真切地感受到了垂叶榕·百可的易栽培性。不仅容易栽培，而且也极具个性，很适合初学者栽培。

无花果属·孟加拉榕树

这是连专业人士都承认的易于培育的无花果属植物。上市的这种植物类型有很多，有的有着弯曲的大枝干，可以找到了自己喜欢的类型后再购买。

松山的推荐

琴叶喜林芋

"在搬到现在的家之前，琴叶喜林芋就伴我左右，它是喜林芋属的同类植物。"除松山以外，也有很多人说它容易栽培。它的叶子形状很有个性，生长时向四方舒展，很有人气。

蓬莱蕉

蓬莱蕉也是喜林芋属的同类植物，有耐阴性，即便不在阳光照射的地方也能栽培。"在天气好的时候把它搬到外边浇水，这样就能长得生机勃勃。"

脇的推荐

柠檬香蜂草和薄荷

薄荷有着强大的生命力，只要种在地上，就会繁殖得很快，生命力非常顽强，对于初学者来说是很容易上手的植物。可爱的小叶子有好闻的香味，可以用来泡香草茶，做料理的时候也可以添加一些，带给人很多乐趣。

到手香

"香味很好闻，我很喜欢。"业主说道。到手香既属于多肉植物，又属于香草植物。在光照和通风良好的地方长势良好，而且还能食用，会给人带来很多乐趣，适合初学者。

U的推荐

荒津的推荐

月橘

有着可爱小叶子的月橘存在感较强，营造的氛围却很柔和，这也是其魅力之处。"还在之前的家时就有了，至今相伴已有4年左右了，将它放在光照充足的地方，照料起来也不麻烦，很轻松。"

糖松

糖松的小小的5片叶子如手掌般伸展着。"非常可爱，而且很喜欢它的枝蔓下垂舒展的样子。长势很好，因此很有栽培成就感，我想对于初学者来说也是很愉悦的事。"

景天属同类植物（多肉植物）　景天科石莲花属同类植物（多肉植物）

Atsushi 向初学者推荐的是多肉植物。"价格便宜，长得快，生命力强，种类多。蓄水能力很强，基本上就是摆放在那里就可以了。"只要能确保放置在光照充足的地方，栽培多肉植物还是很轻松的。"不要选择小的，而要选择长大到一定程度的多肉植物，这样易于栽培。"他推荐的是景天属 & 景天科石莲花属的同类植物。

Hamakaji 的推荐

眼树莲属植物

虽然不是一般意义上容易栽培的植物，但据说和 Hamakaji 很投缘。"叶子起皱的话，只需在水中浸润 5 ~ 10 分钟。什么时候浇水看一下就能明白，对初学者来说很容易。"

常春藤

虽然 Hamakaji 谦逊地说："我自己仍然还是一个初学者。"但他也感觉到常春藤很容易栽培，枝蔓伸展的样子是室内装饰的亮点。这是一种一直以来都很有人气的植物。

大家的创意剪辑

对绿植的装饰方法和创意等进行汇总介绍。

装饰空气凤梨（铁兰）

即使没有土壤，空气凤梨（铁兰）也能生长，
是最能摆出花样的植物，有花费心思布置的意义。

1. 将空气凤梨放在插入绳子的 S 形挂钩中（U 家）。2. 多面体与绿植的组合非常时尚（Yomeg 家）！3. 将空气凤梨放入朋友手工制作的太阳能手提灯的创意非常有意思（井上家）。4. 空气凤梨的灰绿色和托盘的黑色很协调（尾崎家）。5. 将空气凤梨放在铁艺制品上，通风也好，可以说是一举双得（Koenyoko 家）。6. 将烛台和空气凤梨组合在一起的巧妙创意（Koenyoko 家）。

给花盆涂上颜色

如果没有跟室内装饰相协调的花盆，那就自己重新制作个花盆。

由于是自己亲手制作的，对植物的爱意也会增加。

左：为了使素烧花盆和铁制花盆与室内氛围相协调，Hamakaji将它们漆成了白色与黑色。右：塑料花盆涂上油漆后来了个华丽变身，主人充分利用了漆房门时剩余的油漆（U家）。

制作植物挂绳

把植物垂吊起来的装饰方法很流行，

也有人用手工编织的手法来制作植物挂绳。

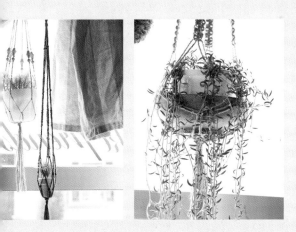

右："在手工制作的挂绳上吊挂植物，爱意也会增加。"Kumemari说道。把一张木板靠在冰箱上，然后把植物挂在木板上。左：在国外的网站上发现了挂绳编织方法，为了能和花盆尺寸一致，自己动手制作了挂绳。把海碗放在花盆容器上的创意真是别出心裁（Yomeg家）。

集中放置

通过集中放置，增大了植物的体积。不仅易于照料，
而且植物的存在感也增强了，配合着室内装饰，显得非常漂亮。

右：宜家的可移动储物柜上摆满了仙人
掌。为了便于透光，把储物柜中间部分去掉
了（Atsushi 家）。左：古色古香的箱内集中
放置花盆，这种布置很有杂货铺的陈列风格
（Kumemari 家）。右下：将 DIY 的箱子刷上漆，
然后再使用（Yomeg 家）。

把土遮盖起来

由于盆栽是要放置于室内的，所以为了不让土露出来，
讲究的达人们进行了反复研究，并做了各种实践。

1

2

3

4

1. 在近藤家，在根处栽植了别的植物，用西沙尔麻覆盖了整
体。2. 松山是利用小木片进行护根。这种做法还能起到抑制
细土上扬的效果。3. 在 Kumemari 家，将薄的大麻织物很自
然地填入其中从而将土遮盖起来。4. 境野利用通气性较好的
白色异石将土遮盖起来（护根），给人一种整洁轻快的印象。

使用花盆罩

保留原来的花盆，并在外面加一个花盆罩，
既省事又适合室内装饰。

左 & 上：塑料花盆，
既轻便，又便于管
理，因此无需移栽植
物，只需要将适合室内装饰氛围的罩子当作花盆
罩即可。使用古色古香的铜锅的构思真是妙极了
（冈本家）。右：将混凝土大花盆用作花盆罩的创
意 (Kumemari 家)。

悬挂

把植物悬挂起来不会碍事，且可以将视线上移，在室内装饰方面营造出了抑扬感，
这种植物陈设方式的人气非常旺。

在 U 家，将绿植放入旧铁桶中吊挂起来。为了能安
装挂钩，在改造房屋的时候事先装上了底材。

重量很轻的空气凤梨
用扣针挂钩就能悬挂
起来（Koenyoko 家）。

1. Koenyoko 将细钉钉入底板的两个地方，将绿植悬
吊在蚕丝线上。2. 胁家是将略有差异的铁钉钉入天花
板的回檐上。3 & 4. 天花板上虽然没有安装底材，但
有一个不太明显的小孔，境野可以很便利地使用挂钩。

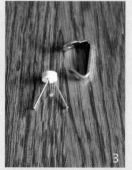

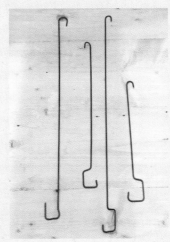

近藤自己制作了从天花板上悬挂植物时使用的挂钩。把S形挂钩制作成细长的形状，既时尚又漂亮。

改造房子时，在天花板上安装了一个横杆，在悬挂植物时发挥了作用（尾崎家）。

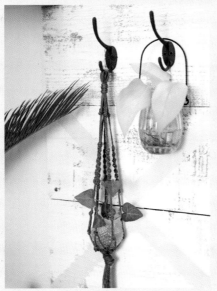

Hamakaji 用易于使用的铜线制作了挂绳，将空气凤梨悬吊起来。在窗帘轨道上悬吊了很多植物。

说起悬挂，大多都是从天井上悬挂，Yomeg 却是在墙上粘了挂钩，用来悬挂植物。

充分利用仿真植物

最近，仿真植物的仿真度越来越高，
所以也有人把它们和真植物互为补充，灵活运用。

在光照条件不好的位置，或者不擅长培育空气凤梨时可用仿真植物来替代(Kumemari 家)。

为了避免浇水的麻烦，Yomeg 决定在没有水池的二楼不摆放真植物。仿真植物也能把卧室营造成完美的空间。

把食品罐作为花盆

不拘泥于市场上出售的花盆，
如果改变看法，身边的物品也能用作花盆。

发现了一个设计考究的食品罐，直接拿来用作了花盆罩，或者也可以在背面开个洞，然后把植物直接种进去。总之是非常便利的物品。右边是油桶，左边是红茶罐(U 家)。

放在棚架右边的是仿真植物，听说是 Atsushi 家的鹦鹉非常喜欢的地方。

其他

其他的时尚摆设创意和有用的物品还有很多，
以下为汇总介绍。

多肉植物摆放在棚架上，在其后面安装了一面镜子，用来映照植物，这是让人心动的植物陈设方式（U家）。

在棚架的背面放置了一块锯齿状的胶合板，是使用了保护胶带，然后用油漆出来的，可以起到映衬植物的作用（Yomeg家）。

2015.4.18
WELCOME!
A & K

上：在很重的花盆下面安装带有轮子的底盘会很方便，这是在宜家购买的（U家）。
下：放在仙人掌上面的是Yomeg女儿的发箍，这是妆扮仙人掌的一种有趣的方法。

右：委托Atsushi制作的举办结婚仪式上的欢迎展板。使用了多肉植物，作品很漂亮。左：把用植物叶子制作的蝴蝶结领带作为一种纪念品，装饰在瓶子上。

图书在版编目(CIP)数据

深呼吸！与绿植相伴的生活 / (日) 加藤郷子编；杜慧鑫等译 . - 武汉：华中科技大学出版社, 2017.1
ISBN 978-7-5680-2109-8

Ⅰ.①深... Ⅱ.①加... ②杜... Ⅲ.①观赏园艺 Ⅳ.①S68

中国版本图书馆CIP数据核字(2016)第187812号

Original Japanese title: Green de Tanoshimu Interior
Originally published in Japanese by PIE International in 2015

PIE International Inc.

2-32-4, Minami-Otsuka, Toshima-ku, Tokyo 170-0005 JAPAN

Copyright © 2015 Kyoko Kato / PIE International

All rights reserved. No part of this publication may be reproduced in any form or by any means, graphic, electronic or mechanical, including photocopying and recording by an information storage and retrieval system, without permission in writing from the publisher.

简体中文版由PIE国际有限责任公司授权华中科技大学出版社有限责任公司在中华人民共和国境内（但不含香港、澳门、台湾地区）出版、发行。

湖北省版权局著作权合同登记号　图字：17-2016-331号

深呼吸！ 与绿植相伴的生活
SHEN HUXI! YU LVZHI XIANGBAN DE SHENGHUO

（日）加藤郷子　编

杜慧鑫　韩晶　刘晓昱　马园园　译

出版发行：华中科技大学出版社（中国·武汉）	电话：（027）81321913
武汉市东湖新技术开发区华工科技园	邮编：430223
出 版 人：阮海洪	

责任编辑：赵爱华	责任监印：秦　英
责任校对：王映红	装帧设计：张　靖

印　　刷：天津市光明印务有限公司

开　　本：965 mm×1270mm 1/16

印　　张：7.75

字　　数：99千字

版　　次：2017年1月第1版第1次印刷

定　　价：48.00元

投稿热线：(010)64155588-8800

本书若有印装质量问题，请向出版社营销中心调换

全国免费服务热线：400-6679-118 竭诚为您服务

版权所有　侵权必究